国家科学技术学术著作出版基金资助出版

U0150350

压接型 IGBT 器件封装
可靠性建模与测评

李 辉 姚 然 向学位 赖 伟 王 晓 李金元 著

科学出版社

北 京

内 容 简 介

压接型 IGBT 器件封装老化失效的可靠性测评对柔性直流输电装备安全稳定运行至关重要。围绕压接型 IGBT 器件老化失效模拟与可靠性测评，本书系统介绍了压接型 IGBT 器件的发展趋势与封装可靠性研究现状，总结了压接型 IGBT 器件不同封装结构与失效模式，提出了压接型 IGBT 器件多物理场建模与性能仿真方法，建立了压接型 IGBT 器件封装疲劳失效物理场模型，提出了压接型 IGBT 器件封装可靠性计算方法，研制了压接型 IGBT 器件动静态、功率循环、短路冲击测试平台，构建了银烧结压接型 IGBT 器件封装老化失效与可靠性评估模型。

本书是理论基础和工程实践相结合的专著，可作为高校电力电子技术及相关专业本科生、研究生和教师的参考书，也可供从事压接型 IGBT 器件研究的工程技术人员参考使用。

图书在版编目(CIP)数据

压接型 IGBT 器件封装可靠性建模与测评 / 李辉等著. —北京：科学出版社，2023.3（2024.10 重印）
ISBN 978-7-03-071274-5

Ⅰ. ①压… Ⅱ. ①李… Ⅲ. ①绝缘栅场效应晶体管-封装工艺-可靠性试验 Ⅳ. ①TN386.2

中国版本图书馆 CIP 数据核字 (2022) 第 001037 号

责任编辑：华宗琪 / 责任校对：王萌萌
责任印制：罗 科 / 封面设计：义和文创

科 学 出 版 社 出版
北京东黄城根北街16号
邮政编码：100717
http://www.sciencep.com

成都蜀印鸿和科技有限公司 印刷
科学出版社发行 各地新华书店经销

*

2023 年 3 月第 一 版 开本：B5 (720×1000)
2024 年 10 月第三次印刷 印张：11 3/4
字数：234 000
定价：119.00 元
（如有印装质量问题，我社负责调换）

前　　言

　　绝缘栅双极型晶体管(insulated gate bipolar transistor，IGBT)是一种复合全控型电压驱动式功率半导体器件，具有高输入阻抗和低导通压降的优点。通过将高压 IGBT 芯片规模化并联，与续流二极管(freewheeling diode，FWD)芯片封装成高压大功率 IGBT 器件，再通过器件串联，即可制造智能电网所需的各类高压大容量电力电子装备。基于 IGBT 器件的柔性直流输电技术是智能电网技术的发展趋势，而高压大功率 IGBT 器件是柔性直流换流阀装备的核心。大容量柔性直流输电技术对高压大功率 IGBT 器件不仅需求大，而且可靠性要求高。封装可靠性是大功率 IGBT 器件的短板，封装老化失效是关键。随着未来柔性直流输电技术的发展，人们对器件电流需求将达 5000A 以上，可靠性风险可能更为突出。

　　高压大功率 IGBT 器件有焊接型和压接型两种基本封装形式，后者通常又分为全直接压接型和弹性压接型两种封装方式。压接型 IGBT 器件通过施加压力，将内部芯片与外部电极形成电气连接，实现多芯片并联压接封装。相比于焊接型 IGBT 器件，压接型 IGBT 器件易于实现规模化并联封装、串联使用，且具有低热阻、短路失效等优点，不仅满足柔性直流输电装备的高电压、大电流使用要求，而且器件的短路失效模式也为柔性直流输电装备的安全可靠运行提供必要保障。因此，压接型 IGBT 器件更适合柔性直流输电装备应用工况，是高压大容量柔性直流装备技术发展迫切需要的电力电子器件。

　　大功率 IGBT 器件压接封装并联多芯片受压力不均、电-热-机械复合应力强耦合等影响，导致认识压接型 IGBT 器件封装可靠性比较困难。现有国内外已出版的同类书籍主要侧重于 IGBT 器件的结构、特性以及可靠性介绍，且可靠性介绍更多侧重于焊接型 IGBT 器件，而现有焊接型 IGBT 器件可靠性理论难以直接应用于压接型 IGBT 器件的失效机理、失效模式和可靠性测评等研究。由于我国在大功率压接型 IGBT 器件研制方面起步较晚，研究基础较为薄弱，缺乏压接型器件封装老化失效和寿命测评等应用基础研究，亟待认识压接型 IGBT 器件封装老化和失效演化机理，以支撑其满足我国大容量柔性直流输电装备长期可靠运行的要求。

　　本书在前人研究成果的基础上，总结了团队多年来在压接型 IGBT 器件可靠性研究方面所取得的研究成果。全书围绕压接型 IGBT 器件复合应力作用与封装老化相互耦合机理的科学问题，以压接型 IGBT 器件封装老化失效全过程的分析为主线，从多物理场建模、失效模拟仿真、加速寿命测评等角度，重点从微动磨损老化、短路失效演化等失效模式方面开展研究，全面揭示压接型 IGBT 器件封装老化失效机理及可靠性测评方法。本书研究成果可提升高压大功率压接型 IGBT 器件可靠性的理论认知水平，促进工程应用，实现进口替代。

本书对大功率压接型 IGBT 器件多物理场建模、封装疲劳失效机理和可靠性建模与测评等关键技术进行阐述，主要内容共 9 章，包括：绪论、压接型 IGBT 器件封装结构及失效模式、压接型 IGBT 器件多物理场建模及性能仿真、压接型 IGBT 器件封装疲劳失效物理建模及仿真、压接型 IGBT 器件及组件封装可靠性计算、压接型 IGBT 器件动静态特性测试、压接型 IGBT 器件功率循环测试、压接型 IGBT 器件短路失效及耐久性测试、银烧结压接型 IGBT 器件的可靠性研究。全书较为系统地论述了压接型 IGBT 器件封装疲劳失效机理及其可靠性建模与测评等，既有理论原理、仿真分析，又有实验测试等。全书内容可为高压大功率压接型器件的可靠性设计优化和测试奠定理论基础；同时也为实现柔性直流输电装备安全运行的状态评估和主动运维提供技术支撑，从而进一步支撑以高压大功率 IGBT 器件为核心的柔性直流装备及电力系统安全。

与本书内容相关的研究工作得到国家重点研发计划项目、国家自然科学基金智能电网联合基金重点项目的支持，也得到全球能源互联网研究院有限公司、中电普瑞电力工程有限公司等的支持，在此一并表示感谢。

本书所介绍的压接型 IGBT 器件各种建模、仿真及测试都是由本团队的研究人员完成的。在此，还要感谢所有参加本项目研究工作的研究生，包括龙海洋、邓吉利、钟懿、郑媚媚、于仁泽、任海、康升洋、朱哲研、周柏灵等，感谢他们在完成学业的同时为本项目研究付出的辛勤劳动。

最后还要感谢重庆大学输配电装备及系统安全与新技术国家重点实验室对本书出版的支持。

在本书的写作过程中，作者注重突出问题的物理本质和解决问题的方法，并尽量做到深入浅出，以便读者在此研究基础上能有进一步的发展。在全书内容编排中，作者注意可靠性建模与测评内容体系的安排，力求文字叙述准确，概念清楚，但由于作者水平有限，不妥之处在所难免，恳请读者批评指正。

目　　录

第1章 绪 论

1.1 压接型 IGBT 器件发展趋势及面临的挑战

1.1.1 发展趋势

柔性直流输电技术是智能电网技术发展的主要方向之一，也是构建未来全球能源互联网的关键环节。和传统交流输电技术相比，柔性直流输电技术具有有功和无功均可独立控制、可大范围潮流分配以及快速调节等优点，在大规模可再生能源并网、海岛互联和多端网络构建等方面拥有广阔的发展前景[1,2]。2018 年《全球能源互联网骨干网架研究》指出，未来 20 年全球规划建设柔性直流输电工程 220 多个。未来柔性直流输电技术还将向着多端化、网络化方向发展，输送电压/功率将达到±500kV/3000MW 乃至更高，迫切需要高压大容量柔性直流换流阀装备[3-5]。而模块化多电平换流器(modular multilevel converter，MMC)拓扑结构避免了 IGBT 器件的直接串联，其具有结构模块化、开关频率低、损耗小、谐波含量小、易于实现高压多电平输出的优点，使得 MMC 广泛应用于多个实际柔性直流输电工程中[6-9]。

美国能源部在 2012 年曾报告高压直流输电的年故障率为高压交流输电年故障率的 20 倍，且 90%以上为电力电子变流装备故障[10]，从而使得柔性直流换流阀的可靠性研究备受关注。国内换流阀运行情况统计资料表明，84%的换流阀故障由换流阀元件故障导致，主要是零件故障、制造工艺以及安装工艺等原因造成[11]，如图 1.1 所示。在 MMC 柔性直流换流阀中，MMC 换流阀组件承受着交流和直流相互叠加的复杂电应力工况，核心器件 IGBT 必然受到高压大电流交变电热应力的影响。为了保障电力系统的安全稳定运行，对 MMC 柔性直流换流阀大功率 IGBT 器件的可靠性提出了更高的要求。

大功率 IGBT 器件有焊接型和压接型两种基本封装形式，如图 1.2 所示。焊接型 IGBT 结构通常由键合引线、焊料层和覆铜陶瓷基板(direct bonding copper，DBC)层组成，其中键合引线和焊料层是其典型失效部位。压接型 IGBT 器件通过施加压力，使内部芯片与外部电极形成电气连接。相比于传统的焊接型 IGBT，压接型 IGBT 结构摒弃了焊料层和键合引线的干扰，具有功率密度大、双面散热、结构紧凑、短路失效等优点，特别适用于电力系统装备的应用。其双面散热的优点更加适用于柔性直流换流阀等大功率场合，特有的短路失效模式，可以在器件故障时刻，为保护装置提供动作时间。如果压接型器件可以长期工作在短路失效模式下，甚至可以取消子模块旁路开关，减少系统复杂程度，降低工程成本。

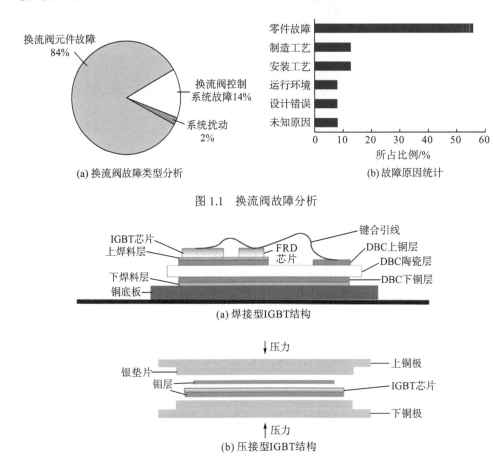

(a) 换流阀故障类型分析   (b) 故障原因统计

图 1.1   换流阀故障分析

(a) 焊接型IGBT结构

(b) 压接型IGBT结构

图 1.2   焊接型 IGBT 和压接型 IGBT 模块典型剖面结构图[6-15]

FRD 指快速恢复二极管(fast recovery diode)

1.1.2   面临的挑战

我国柔性直流输电技术已从跟随者变为引领者，但是柔性直流输电装备的核心器件 IGBT 仍然被国外公司垄断。在柔性直流换流阀中，由于早期国内的柔性直流装备厂商无法获得压接型 IGBT 器件产品，只能使用 ABB、英飞凌(Infineon)公司的通用焊接型 3300V/1500A IGBT 模块，拓扑结构只能采用器件数量较多的模块化多电平形式，但其在提高装备控制复杂性的同时，功率提升能力有限。在 ABB、东芝(Toshiba)公司对国内开放产品后，国网智能电网研究院、南瑞集团有限公司、许继集团有限公司、荣信股份公司开始进行基于压接型 IGBT 器件直接串联的样机研制。2015 年国网智能电网研究院研制的电压 200kV、关断电流 15kA 的直流断路器样机就是基于 ABB 公司的 4500V/2000A 压接型 IGBT 器件。目前国内在压接型 IGBT 器件的采购方面，存在价格高昂、供货周期长、参数特性不适合等诸多方面的限制。随着国内柔性输电输送功率的不断提高，现有 IGBT 器件的电流已远不能满足需要，故对 3000A 及以上电流等级的器件的需求强烈。此外，直流断路器等新型柔性直流输电装备的出现，对 IGBT 器件特性提出了与通用 IGBT 器件完全不同的技术需求。因此，针对我国柔性直流输电装备具体技术需求，研制定制化的超大功率压接型 IGBT 器件的任务迫在眉睫。

目前国内压接型器件封装的主要研究机构有国网智能电网研究院和株洲南车时代电气股份有限公司。全球能源互联网研究院有限公司针对电力系统装备的需求，从 2010 年开始研制高压 IGBT 芯片，同时也开展了压接型封装的理论与实验研究，目前已制备出全直接压接型 3300V/1500A IGBT 样品；株洲南车时代电气股份有限公司正在进行压接型 IGBT 器件的研制，采用的是全直接压接技术路线；2015 年 6 月，国网智能电网研究院研制成功了基于压接型器件的串联型电压源换流阀，系统在±10kV 电压水平和 1050Hz 开关频率的条件下，能够稳定运行，标志着该单位成为世界第一家全面掌握 MMC 型和串联型换流器关键技术的研究机构；2017 年 12 月，株洲中车时代电气股份有限公司牵头完成了"3600A/4500V 压接型 IGBT 及其关键技术"项目，项目实现了研制出世界功率等级最高压接型 IGBT 器件的目标。这是我国压接型 IGBT 技术零的突破。

目前，全球能源互联网研究院有限公司联合株洲南车时代电气股份有限公司、北京四方继保自动化股份有限公司、中国科学院微电子研究所以及国内高校针对压接型器件特性等方面开展了研究，并且针对压接杂散参数对器件分流的影响、器件的压力/温度分布及热阻测量方法、焊接型器件和压接型器件特性对比等方面进行了初步研究。但是由于我国在高压大功率压接型 IGBT 器件研制方面起步较晚，研究基础薄弱，缺乏压接型器件封装老化失效和寿命测评等应用基础研究的经验，因此亟待认知压接型 IGBT 器件封装老化和失效演化的机理，这样才可以支撑其满足大容量柔性直流输电装备长期可靠性的要求。压接型 IGBT 器件的发展趋势是向更高电压、更大电流、更加可靠、更加智能化的目标发展。更大功率的压接型 IGBT 器件需要更多芯片并联封装，这不仅会带来器件可靠性水平降低的风险，而且必将增加器件老化失效研究的难度。因此，需要更深入研究压接型 IGBT 器件封装老化失效机理，通过与电子、材料、机械工程的学科交叉融合，为提升更大功率压接型 IGBT 器件可靠性的理论认知水平，提供理论与技术支撑，进而促进我国压接型器件的自主研发水平及可靠性提升，实现国产替代进口。

1.2   压接型 IGBT 器件封装可靠性研究现状

1.2.1   失效机理及物理建模

将 IGBT 芯片等效成一个金属-氧化物-半导体场效应晶体管 (metal-oxide-semiconductor field effect transistor，MOSFET) 和双极型晶体管组成的有三层 PN 结结构，且由栅极控制，在功率循环下栅极区的劳损、栅氧化层的破坏、芯片表面的划痕都会影响 IGBT 器件的工况。而压接型 IGBT 模块封装结构是由多层结构通过压力连接而成的，由于各层组件材料物理参数属性的差异，相邻层组件材料的热膨胀系数存在差异，在器件工作时将产生交变热应力，在该交变热应力的反复作用下使得材料产生蠕变疲劳和失效，其工作寿命与可靠性将影响整个装置或系统的正常运行。IGBT 器件从制造、检验出厂、用户使用和最后失效可用浴盆曲线来概述，该曲线主要由三部分组成，如图 1.3 所示。

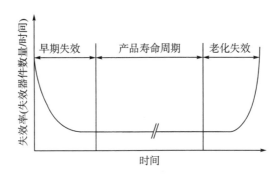

图 1.3   IGBT 器件一般失效过程

第 1 阶段：早期失效，由产品本身存在的缺陷(设计缺陷、工艺缺陷)造成，改进设计、材料、工艺的质量管理，可明显改善早期失效率。

第 2 阶段：在初始阶段后，器件具有较低和稳定的失效率，不正确的使用是失效的主要原因。

第 3 阶段：磨损、老化、疲劳等引起产品性能恶化。常规电力电子器件的老化有化学变化使材料退化、压焊点氧化等。

失效机理是指电力电子器件在实际使用中发生失效的物理化学过程，如疲劳、腐蚀和过应力等。导致压接型 IGBT 器件材料物理化学性质变化的主要因素为热应力和电应力。热应力的影响可以体现在以下三个方面：①高温下芯片表面和内部杂质的加速反应，缺陷进一步生长，表现为器件电气性能快速退化；②高温导致扩散反应引起硅铝共熔形成硅化物使导通电阻降低形成短路，因长时间短路电流涌入硅铝互熔部位使局部温度急剧上升，最终引起硅铝气化，使电阻变大直至开路；③不同材料间热膨胀系数差异造成界面热匹配问题、键合引线断裂、钝化层开裂、芯片表面出现划痕并继续扩展最终导致芯片表面产生裂纹等。电应力的影响可以体现在以下两个方面：①内部寄生参数的影响，内部寄生的双极正反馈结构在大电应力或瞬变电应力下被激发，导致电源电流无限增大(近似电源与地短路)，触发源撤去后，寄生正反馈结构仍在工作，直至电源撤去或电路被烧毁；②由于过电应力冲击影响，强电场导致栅氧化层击穿、大电流发热导致多晶电阻烧毁、PN 结区硅烧熔、金属间电弧等。如表 1.1 所示，通过对压接型 IGBT 器件的文献查阅和实验结果分析，目前压接型 IGBT 器件的失效模式和对应失效机理有七种，分别为开路失效、短路失效、栅氧化层破坏、微腐蚀、微动磨损、栅极弹簧失效和边界翘曲[15-20]。

表 1.1　压接型 IGBT 器件失效模式

失效模式	失效机理	主要影响因素
开路失效	过电应力作用下芯片中硅铝材料发生气化，导致 IGBT 器件开路	电应力
短路失效	硅芯片与铝镀层电化学反应导致腐蚀穿透；过电流击穿	电应力
栅氧化层破坏	栅极与发射极氧化层破坏，使驱动电压降低	电应力
微腐蚀	银垫片与发射极钼层的接触层存在间隙，发生电弧现象	电应力、热应力
微动磨损	各层材料热膨胀系数不同，功率循环下接触层粗糙度增加	热应力
栅极弹簧失效	栅极弹簧在功率循环中不断加热、冷却使弹性减弱	热应力
边界翘曲	压接型 IGBT 器件中心热膨胀，导致边缘区域 IGBT 压力减弱	热应力

文献[15]通过分析功率循环前后芯片表面金属层的粗糙度，研究了压接型 IGBT 器件的微动磨损失效机理，发现随着温度的升高，微动磨损加速，且在一定范围内磨损程度随载荷的增加而增加。文献[16]分析了压接型 IGBT 器件内部形成稳定短路失效模式的三个阶段：①短路失效初始阶段，铝镀层在高温下腐蚀渗透到硅芯片中，形成硅铝合金；②老化加速阶段，IGBT 芯片的硅材料以及表面铝金属层开始熔化，随着功率循环的进行，越来越多的硅铝合金不断地渗透到钼垫片中；③开路失效阶段，IGBT 子模块导电性能越来越差，模块整体变得易碎，阻碍硅铝合金形成的导电路径，导致开路。文献[17]详细分析了压接型 IGBT 器件发生开路失效的现象，在器件发生短路失效后，内部金属材料不断腐蚀消融，影响器件导电性，最终导致开路失效，在电路中表现为压接型 IGBT 器件栅极不受外接电路控制、正向最大压降在集电极上。文献[18]分析了压接型 IGBT 器件栅氧化层破坏和边界翘曲两种失效模式，其中栅氧化层破坏可能是栅极和发射极的氧化层损坏造成的极间短路失效；而边界翘曲是由压接型 IGBT 内部散热路径不同造成的，中间区域的 IGBT 热膨胀尺寸比边界 IGBT 的热膨胀尺寸大，导致边界 IGBT

的压力减弱从而出现接触不良。文献[19]发现压接型 IGBT 在很长时间的功率循环下，银片和钼片之间有很严重的微腐蚀现象，这是由材料间接触不良进而发生电弧放电导致的。文献[20]分析了 IGBT 器件中栅极弹簧随着时间推移和温度的变化出现应力松弛的现象，使栅极顶针与栅极表面接触不良，增大接触电阻，最终加速器件失效。

下面对这七种失效模式进行具体介绍。

1. 开路失效

压接型 IGBT 器件开路失效如图 1.4 所示，芯片内部被烧毁出现黑色，部分区域 IGBT 芯片与并联 FRD 芯片在高温下气化消失，在电路中表现为压接型 IGBT 器件栅极不受外接电路控制，正向最大压降在集电极上，发射极电压为零。

图 1.4　压接型 IGBT 器件开路失效

2. 短路失效

压接型 IGBT 器件短路失效如图 1.5 所示，IGBT 芯片表面出现黑色的斑点，未失效区域表面并未有太大变化，对失效区域进行切片，发现 IGBT 芯片失效区域内部的材料发生变化，由纯硅变为 Si-Al-Pb-Mo 混合的固体，在电路中表现为压接型 IGBT 器件栅极不受外接电路控制，压接型 IGBT 器件两端电压很低，呈现导线的性能。短路失效易出现部位多为栅极和芯片发射极的边缘处。

3. 栅氧化层破坏

压接型 IGBT 器件栅氧化层破坏后电压变化如图 1.6 所示，失效原因是栅极和发射极的氧化层损坏造成极间短路。一个正常的 IGBT 器件的栅极漏电流通常在微安范围内，那么栅极和发射极电阻 R_{ge} 在千欧级及以下范围时就可以判定器件短路，进一步说就是栅极和发射极电阻减小导致栅极漏电流增大。若栅极驱动电路不能提供已经增大了的栅极电流，栅极和发射极电压 V_{ge} 的值就会下降。这样就会造成芯片中的导电通道变窄，导致集电极和发射极电压间的导通电压 V_{ce} 呈阶梯状上升。

(a) 失效芯片表面现象

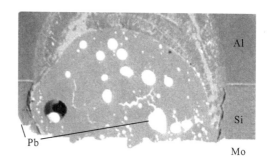

(b) 失效部位横向切片能谱图

图 1.5 压接型 IGBT 器件短路失效

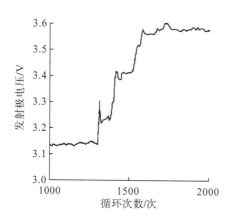

图 1.6 压接型 IGBT 器件栅氧化层破坏后电压变化

4. 微腐蚀

压接型 IGBT 芯片微腐蚀如图 1.7 所示，在长时间功率循环后，银片和钼片之间能观察到有很严重的烧蚀后消融现象，这种局部烧蚀是由芯片微小电弧放电所致。相接触表面有彼此的材料残留，这种机制与机械工程领域中的电火花加工（electrical discharge machining，EDM）工艺十分相似，所以也可称这种机理为微小放电。压接型 IGBT 器件通过外部施加一定的压力保持组件间的电气与机械连接，两接触面间的压力过小会造成接触不良。接触不良还会导致接触面间存在一定的电压差，进而产生电弧放电。

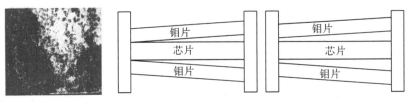

图 1.7　压接型 IGBT 芯片微腐蚀

5. 微动磨损

微动磨损是指在相互压紧的两种材料表面间由于小振幅振动而产生的一种复合形式的磨损。在压接型 IGBT 器件中，由于器件中各层材料热膨胀系数不同，在外部压力和内部交变机、电、热复合应力作用下，各组件界面在材料膨胀和收缩的过程中产生滑动，导致各接触面相互摩擦，进而使表面粗糙度增加，如图 1.8 所示，增大接触面接触电阻及接触热阻，会使功率循环过程中芯片结温上升。

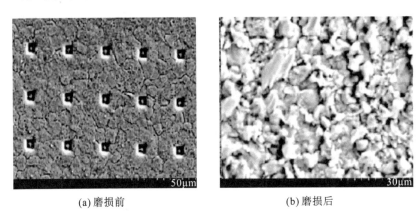

(a) 磨损前　　　　　　　　　　　　(b) 磨损后

图 1.8　微动磨损前后芯片表面金属层粗糙度对比

6. 栅极弹簧失效

压接型 IGBT 器件栅极弹簧失效如图 1.9 所示，弹簧失效一般包括弹簧疲劳、弹簧应力松弛、弹簧磨损等。栅极弹簧会随着时间的推移和温度的变化出现应力松弛现象。弹簧松弛后会使栅极顶针与栅极表面接触不良，从而导致芯片不能正常驱动，在导通时部分芯片电流过大，出现过热现象，加速器件失效。

7. 边界翘曲

压接型 IGBT 器件边界翘曲有限元分析如图 1.10 所示，压接型 IGBT 器件经过一段时间功率循环后，由于散热路径不同，中间区域的 IGBT 热膨胀尺寸比边界 IGBT 的热膨胀尺寸大，导致边界 IGBT 的压力减弱出现接触不良。使边界区域 IGBT 导通电流继续减小，温度降低，中心区域 IGBT 电流增加，结温上升加速老化失效。

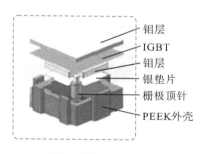

钼层
IGBT
钼层
银垫片
栅极顶针
PEEK外壳

(a) 栅极弹簧部件   (b) 老化后栅极顶针部位损伤

图 1.9　压接型 IGBT 器件栅极弹簧失效

PEEK 指聚醚醚酮(poly(ether-ether-ketone))

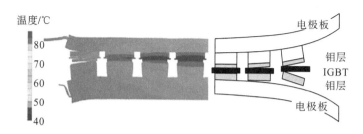

图 1.10　压接型 IGBT 器件边界翘曲有限元分析

1.2.2　可靠性评估

现有研究主要通过功率循环实验和有限元仿真建模来评估电、热、机械等多种应力作用下压接型 IGBT 器件的可靠性。文献[15]通过进行功率循环实验,对单芯片压接型 IGBT 器件进行加速老化测试,初步得出在压力和温度波动的综合作用下压接型 IGBT 器件性能降低的大致规律,但对压力和温度影响下的 IGBT 器件参数具体变化情况还有待深入研究。文献[18]采用功率循环实验,得到了实际运行中压接型 IGBT 芯片栅氧化层破坏、边界翘曲多种失效模式,并进行了简单的失效机理分析,初步建立了基于有限元分析的失效模型。文献[21]建立了温度-机械应力作用下的压接型 IGBT 有限元仿真模型,分析了 IGBT 整个器件以及单个芯片上的应力分布。文献[22]运用 ANSYS 软件搭建了详细的多芯片并联压接型 IGBT 器件的有限元分析模型,仿真模拟了压接型 IGBT 器件在内部材料变形失效模式下的温度三维分布情况,通过分析器件内的电流、温度、应力分布情况,发现多芯片并联情况下压接型 IGBT 器件边缘处的应力最大。上述文献主要集中在对器件外部功率循环和内部有限元分析方面,但对压接型 IGBT 器件的内部材料老化疲劳及外部电、热、辐射、机械等多应力综合作用下的失效机理研究较少,缺乏对器件内部薄弱环节的分析。

在器件可靠性寿命评估方面，学者普遍研究传统的焊接型 IGBT 器件，对压接型 IGBT 器件寿命评估的研究文献相对较少。现有研究文献采用的可靠性评估方法主要有两种，分别为基于物理失效的可靠性评估方法和基于数据统计的可靠性评估方法。文献[23]和[24]在功率循环寿命实验数据的基础上，采用 Coffin-Manson 模型拟合出功率循环失效周期数与 IGBT 器件温度的大致关系，但存在一定误差。文献[25]应用有限元分析方法和线弹性断裂力学理论来研究 IGBT 器件中绝缘基板铜层与陶瓷层之间的热-机械应力，进一步用于分析基板的疲劳寿命。文献[26]指出压接型 IGBT 器件有微动磨损、微烧蚀、栅氧化层损坏、弹簧失效和宇宙射线五种主要的失效模式，但现有文献对其失效机理研究不够深入，对器件内部具体材料、结构等情况考虑较少，不利于评估器件在多应力作用下的可靠性指标。文献[27]基于 MIL-HDBK-217F 可靠性导则的评估方法，通过将影响因子计入各种影响因素对器件可靠性的影响，给出了 IGBT 器件和二极管的故障率计算公式，但该 MIL-HDBK-217F 只适用于器件在稳定运行的工况下。文献[28]提出了一种基于失效物理的元器件故障树构建方法，考虑了多应力作用下的失效模式、失效部位、失效机理和机理因子，但是机理因子的值难以准确获取，计算存在困难。文献[29]采用基于应力的模型，结合有限元仿真分析了外部应力以及内部材料属性的影响，从物理学来评估材料的疲劳失效寿命。基于上述研究的不足，为了更好地评估压接型 IGBT 器件的可靠性，可采用有限元仿真软件建立压接型 IGBT 器件的多物理场模型，考虑器件内部材料疲劳寿命和封装结构的影响，建立压接型 IGBT 器件故障树，并结合功率循环实验的失效机理分析，更为有效地评估多应力作用下压接型 IGBT 的可靠性，提高器件可靠性评估的准确性。

第 2 章　压接型 IGBT 器件封装
结构及失效模式

2.1　压接型 IGBT 器件封装结构

2.1.1　全直接压接型

全直接压接型 IGBT（press pack IGBT，PP-IGBT）器件主要由铜电极、钼片、IGBT 芯片、银垫片、栅极顶针、栅极印刷电路板（printed circuit board，PCB）、支架和外壳等构成。由于铜和硅的热膨胀系数不匹配，在工作过程中，热膨胀会导致材料在芯片表面产生横向移动，使芯片表面的粗糙度增加进而导致接触热阻增加，这会对全直接压接型 IGBT 器件整体造成损害。因此，在铜电极和 IGBT 芯片之间增加钼片作为缓冲层以减小热应力对芯片的冲击；栅极顶针连接芯片栅极区和栅极 PCB 以传递驱动信号；银垫片用于缓解芯片间压力分配不均问题。上钼片、IGBT 芯片、下钼片、银垫片和栅极顶针按图 2.1 所示顺序堆叠构成 IGBT 子模块，并通过支架固定。全直接压接型 IGBT 器件在工作时需要通过夹具施加一定压力（10～20N/mm²）以保证各层封装材料间的良好接触，从而减小接触面的接触电阻和接触热阻；模块两侧电极表面都可以散热，常见的散热方式包括水冷散热和风冷散热。

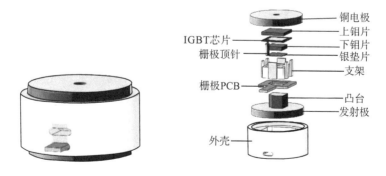

图 2.1　3300V/50A 全直接压接型 IGBT 器件几何模型

装载 IGBT 芯片的模具是由 PEEK 材料制造的，通过安装在底座的铜柱上使 IGBT 芯片与各层组件连接在一起，由图 2.2 可以看到，从右向左分别为 PEEK 模具、银垫片、栅极顶针、下钼层、IGBT 芯片、上钼层。栅极顶针安装在 PEEK 模具上的圆孔内，将 IGBT 栅极与栅极 PCB 连接起来。

图 2.2　PEEK 模具拆分图

　　3300V/1500A 全直接压接型 IGBT/FRD 器件几何模型及芯片布局如图 2.3 所示，器件共包含 30 个 IGBT 单元和 14 个 FRD 单元，其中 FRD 单元编号为 31～44。多芯片模块几何参数如表 2.1 所示，模块总高度为 26.27mm。全直接压接型 IGBT 封装材料的部分参数如表 2.2 所示。

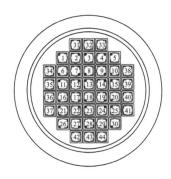

图 2.3　3300V/1500A 全直接压接型 IGBT/FRD 器件几何模型及芯片布局

表 2.1　3300V/1500A 全直接压接型 IGBT/FRD 器件部分几何参数

内部结构层	材料	表面积/mm²	厚度/mm
集电极铜	无氧高导电铜	706.7	8
集电极钼	Mo(纯度≥99.93%)	185	1.86
硅芯片	Si(表面 Al 金属化)	184	0.57
发射极钼	Mo(纯度≥99.93%)	80.64	1.2
银垫片	Ag(纯度≥99.99%)	94.59	0.2
发射极凸台	无氧高导电铜	79.13	8
发射极底座	无氧高导电铜	706.7	8

表 2.2 全直接压接型 IGBT 封装材料部分参数

内部结构层	材料	热膨胀系数/K^{-1}	电导率/(S/m)	杨氏模量/Pa	泊松比
集电极铜	Cu	1.7×10^5	5.998×10^7	1.1×10^{11}	0.35
集电极钼	Mo	4.8×10^6	1.89×10^7	3.12×10^{11}	0.31
硅芯片	Si	2.6×10^6	90.404	1.7×10^{11}	0.28
发射极钼	Mo	4.8×10^6	1.89×10^7	3.12×10^{11}	0.31
银垫片	Ag	1.89×10^5	6.16×10^7	8.3×10^{10}	0.37
发射极铜	Cu	1.7×10^5	5.99×10^7	1.1×10^{11}	0.35

全直接压接型 IGBT 器件依靠外部压力让各层组件刚性叠压在一起，其电气性能很大程度上取决于夹具施加压力的精度和均匀度，由于器件各层组件材料的热膨胀系数(coefficient of thermal expansion，CTE)不匹配和杨氏模量(Young's modulus)存在差异，器件在工作时产生的循环热应力将引起不同组件材料的热膨胀和收缩变形出现较大差异，从而减小组件界面之间的有效接触面积，影响器件的电热传导，最终加速全直接压接型 IGBT 器件的疲劳失效。

2.1.2 银烧结压接型

为了提高压接型 IGBT 芯片与其他组件界面之间的电热接触性能，进而提高整个器件的电热性能，发展出了银烧结封装结构的压接型 IGBT 器件，即银烧结压接型 IGBT 器件，简称 SP-IGBT。银烧结压接型 IGBT 器件是用纳米银焊膏将压接型 IGBT 器件的集电极钼层和 IGBT 芯片通过烧结工艺连接成为一个整体，从而提高 IGBT 芯片与其他组件之间的电热传导，同时提高压力在芯片表面的分布均衡度，进而提高压接型 IGBT 器件整体的电热性能和可靠性。银烧结压接型与全直接压接型 IGBT 器件实物如图 2.4 所示。

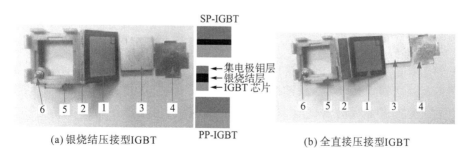

图 2.4 压接型 IGBT 器件的实物

1-IGBT 芯片；2-下钼层；3-上钼层；4-银垫片；5-塑料外壳；6-栅极顶针

如图 2.4 所示，银烧结压接型 IGBT 器件集电极钼层和 IGBT 芯片间有一层 50μm 厚的纳米银烧结层，将集电极钼层和 IGBT 芯片烧结之后成为一个整体，其余各层组件尺寸及材料物理参数与全直接压接型 IGBT 器件一致，故全直接压接型和银烧结压接型 IGBT 器件的组装方法一致。

2.1.3 弹簧压接型

为了保证器件内部压力的均匀性，全直接压接型 IGBT 器件在加工过程中，需要对内部各材料组件进行精确匹配，增加了工艺难度。2001 年，ABB 公司提出了适合电力系统应用的弹簧压接型 IGBT（StakPak IGBT）器件，通过在器件中引入弹簧，来补偿由加压过程及材料热膨胀引入的位移，弹簧压接型 IGBT 器件结构如图 2.5 所示。

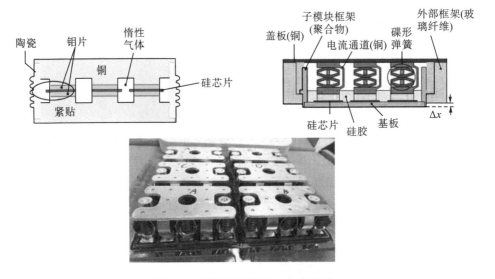

图 2.5　弹簧压接型 IGBT 器件结构

弹簧压接型 IGBT 器件主要由盖板(铜)、碟形弹簧、电流通道(铜)、芯片表面铝镀层、钼片、硅芯片及基板依次堆叠而成。器件内部由硅胶进行填充，保证内部各组件之间的绝缘性。外部框架由玻璃纤维制成，具有耐热性好、机械强度高、耐腐蚀、绝缘性能好等优点。相比全直接压接型 IGBT 器件，弹簧压接型 IGBT 器件降低了工艺精度要求，制作成本较低，保证了芯片表面机械压力均匀性，但是由于存在电流支路，其可看成焊接型 IGBT 器件及压接型 IGBT 器件的组合形式，在长期功率循环过程中，仍然存在引线脱落失效模式，同时由于弹簧的存在，其散热模式为单面散热，限制了其在更高功率场合的应用。

2.2　压接型 IGBT 器件失效模式

2.2.1　微动磨损

在压接型 IGBT 器件中，内部各层材料通过压力连接在一起，如图 2.6 所示，各层材料通过外部施加的压力 F 连接在一起，当压接型 IGBT 器件进行功率循环时，各层材料有横向的热膨胀，集电极铜板横向热膨胀 S_1、集电极钼层横向热膨胀 S_2、IGBT 芯片横向热膨胀 S_3、发射极钼层横向热膨胀 S_4、银垫片横向位移 S_5、发射极铜柱横向位移 S_6，各层材料热膨胀系数各不相同，这会导致在功率循环中各层材料间会产生横向的拉力，造成横向材料间的摩擦。

同时压接型 IGBT 器件在进行功率循环时会产生纵向的膨胀，各层材料受到的压力逐渐增大，以硅材料受到纵向压力变化时为例，如图 2.7 所示。

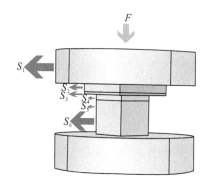

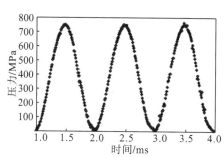

图 2.6　压接型 IGBT 器件横向拉力示意图　　图 2.7　硅材料受到纵向压力变化

硅材料上的纵向压力不断累积，最终会使硅材料表面出现裂纹，造成材料表面粗糙度增加，严重时会使硅材料表面出现裂纹导致器件整体失效。当硅材料受到的纵向压力值不断变化且纵向压力变化频率不断变化时，可以得到硅材料断裂时的寿命变化曲线，如图 2.8 所示。由图可以看出，硅材料的微动磨损寿命主要受纵向压力最大值的影响，纵向压力频率变化对硅材料的微动磨损寿命影响较弱，对压接型 IGBT 器件内部其他材料而言也是表面最大压力对材料微动磨损寿命影响最大。因此，可以通过查找压接型 IGBT 器件内部各层材料表面的最大压力，并导入各层材料微动磨损公式，得到压接型 IGBT 器件内部哪层材料容易发生微动磨损疲劳。

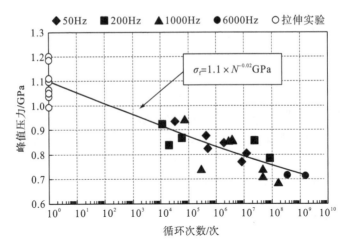

图 2.8 硅材料断裂时的寿命变化曲线

2.2.2 短路失效

压接型 IGBT 器件在柔性直流换流阀中的主要失效模式为短路失效，在压接型 IGBT 器件中由多个 IGBT 子模块和 FRD 通过压力并联在一起，在发生短路失效时，器件中单个或几个 IGBT 先发生短路失效，之后大量电流全部涌向短路模块，导致先失效的 IGBT 器件加速老化，产生大量热量并影响周围芯片，使周围芯片相继短路失效，最终短路失效的 IGBT 器件中 Si、Mo、Al 发生金属间化学反应形成绝缘金属导致开路失效，这大概会持续 1 年时间，使压接型 IGBT 器件出现开路失效。压接型 IGBT 这一特性为柔性直流换流阀故障状况下的使用和故障维护提供了充裕的时间。

如图 2.9 所示，单个压接型 IGBT 器件的失效可以分为三个阶段，即短路失效初始阶段、老化加速阶段和开路失效形成阶段，以下对三个阶段进行详细描述和分析。

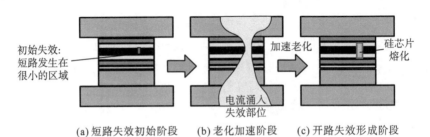

(a) 短路失效初始阶段　　(b) 老化加速阶段　　(c) 开路失效形成阶段

图 2.9 压接型 IGBT 器件短路失效过程

1. 短路失效初始阶段

压接型 IGBT 子模块短路失效的初始阶段分为两个部分，第一部分是微动磨损；第二部分是铝镀层熔化腐蚀渗透硅芯片部分。

第一部分如图 2.10 所示，由于各层材料的热膨胀系数不同，在功率循环中，各层间不停地微动磨损，最终造成铝镀层变薄甚至出现空隙。

图 2.10　压接型 IGBT 短路失效初始阶段微动磨损

第二部分如图 1.5(b) 所示，铝镀层在高温下腐蚀渗透到硅芯片中，形成硅铝合金，该合金有很好的导电性能，使芯片不受门极控制出现短路失效。

2. 老化加速阶段

随着铝镀层的铝原子在硅芯片内不停腐蚀渗透，最终附着在钼垫片上，如图 2.11 所示。随着功率循环的不断进行，微动磨损不断累积，钼层表面也会出现裂纹，如图 2.11 中 A 区域所示，此时硅铝形成的合金随着缝隙进入钼垫片内部，与钼垫片发生化学反应。

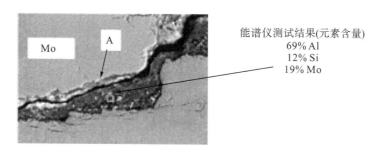

图 2.11　铝渗透过硅芯片与钼发生反应

在高温状态下游离的钼离子开始与铝元素发生化学反应，如图 2.12 所示，研究表明，钼-铝合金内主要形成的是 Al_8Mo_3，这种金属有很高的硬度(882HV)，因此具有易碎、低黏着性。随着功率循环的进行，越来越多的硅铝合金不断地渗透到钼垫片中。

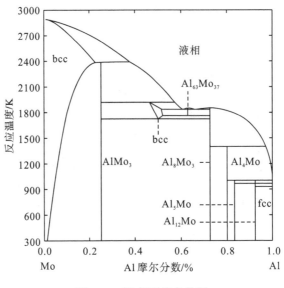

图 2.12　铝-钼反应条件图

3. 开路失效形成阶段

随着老化的进行，铝、钼、硅三种元素都在发生化学反应，形成合金如图 2.13 所示。

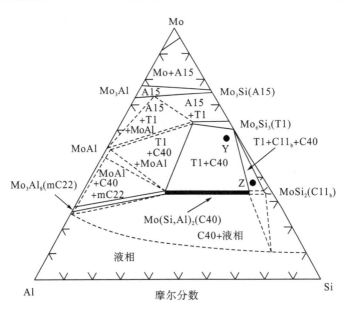

图 2.13　铝-钼-硅元素反应条件图

在压接型 IGBT 子模块中，硅、铝与钼形成的合金主要是 $Mo(Si，Al)_2$，在最终阶段，主要的反应是铝渗透到 $MoSi_2$ 中，或是游离的钼渗入硅铝合金中。

　　$MoSi_2$ 由硅铝合金中的硅元素与钼垫片表面的钼元素发生反应所形成，其主要附着在钼缝隙的合金附近与钼垫片表面上。对比 $MoSi_2$ 与铜、铝的电阻率如表 2.3 所示。

表 2.3　$MoSi_2$ 与铜、铝的电阻率

成分	电阻率/(Ω/m)
$MoSi_2$	4.48×10^{-7}
Cu	1.75×10^{-8}
Al	2.83×10^{-8}

　　通过表 2.3 可以得到 $MoSi_2$ 的电阻率是铜的 25.6 倍，约是铝的 15.8 倍，是电的不良导体。随着功率循环下老化的不断累积，IGBT 子模块的导电性能越来越差，电阻的增加导致热量的增加，且元素间化学反应不断进行，器件硬度不断增加，模块整体变得易碎，阻碍硅铝合金形成的导电路径，最终导致开路失效。

2.3　本 章 小 结

　　本章主要对全直接压接型、银烧结压接型、弹簧压接型三种现有封装结构进行了介绍，全直接压接型 IGBT 器件具有双面散热、短路失效时间较长的优点，但是为了保证压力均匀，对加工工艺要求较高。银烧结压接型 IGBT 器件可以减小器件热阻，但是同时也会引入新的失效模式，也在一定程度上增加了成本。弹簧压接型 IGBT 器件通过引入弹簧改善了器件内部的压力分布，提高了器件运行可靠性，目前是最适合用于柔性直流换流阀中的器件，但是单面散热的缺点限制了其用于更大功率的场合。在三种封装结构中，组件间存在接触面，且材料热膨胀系数不匹配，导致出现微动磨损现象，是影响器件长期运行可靠性的主要原因。器件的短路失效通常是由高温下的硅铝互熔引起的，并且是器件失效后能否保证低阻状态的关键。

第 3 章　压接型 IGBT 器件多物理场建模及性能仿真

3.1　单芯片压接型 IGBT 器件多物理场建模

压接型 IGBT 器件在实际运行时，由于功率损耗的影响使器件结温上升，且在导通和关断过程中，器件结温也在不断交变波动。此外，器件内部由多层材料压接组成，不同材料间热膨胀系数不匹配，使材料间产生较大的热-机械应力，最终导致器件疲劳失效。因此，压接型 IGBT 器件在运行中涉及电-热-机械应力的多物理场耦合效应不容忽视。为了准确分析压接型 IGBT 器件在实际运行工况下的可靠性寿命以及薄弱环节，有必要建立压接型 IGBT 器件多物理场耦合模型，进一步研究器件在运行过程中外部夹具压力、施加电场、温度等对器件性能的影响。

对压接型 IGBT 器件的有限元仿真建模，现有文献主要侧重研究器件在机械应力作用下的失效模式以及 IGBT 芯片表面的应力分布。文献[18]结合功率循环实验结果，初步建立了压接型 IGBT 器件有限元仿真模型，仅分析了压接型 IGBT 芯片在边界翘曲的失效模式的内部压力和温度分布。文献[19]搭建了详细的多芯片并联的压接型 IGBT 器件有限元仿真模型，重点分析了 IGBT 芯片在器件导通前后的应力分布情况，发现器件导通后内部应力明显变大。文献[30]综合考虑了压接型 IGBT 芯片内部压力分布和材料热膨胀系数的影响，搭建功率实验平台，大致分析了引起器件微动磨损的失效机理。文献[31]基于压接型 IGBT 器件的有限元模型，研究了器件在一定工况下内部的压力分布情况，重点探讨了器件内部各个芯片材料加工误差与布局方式对其内部压力分布的影响。文献[32]搭建了压接型二极管的电-热-机械有限元模型，发现器件压力增加但结温反而下降的一般规律。上述文献虽然通过建立多物理场耦合模型开展了失效机理的研究，但大都仅考虑压力和材料的热应力作用，很少涉及分析压力与电、热等多应力的耦合影响，也缺乏对器件内部薄弱环节的分析，往往导致其内部压力的分布及变化趋势分析不准确。

基于此，为了深入分析多应力作用下对压接型 IGBT 器件可靠性的影响，本节建立 3300V/50A 单芯片压接型 IGBT 器件的电-热-机械多物理场耦合模型。首先，基于 3300V/50A 压接型 IGBT 器件实际结构，搭建单芯片压接型 IGBT 器件的多物理场仿真模型。其次，基于压接型 IGBT 器件耦合模型，分析不同导通电流、环境温度和外部压力对单芯片 IGBT 器件内部性能的影响。再次，建立多芯片压接型 IGBT 器件多物理场仿真模型，分析不同封装结构对多芯片压接型 IGBT 器件内部芯片电、热、机械性能的影响。最后，通过两芯片压接型 IGBT 器件并联模拟多芯片器件内部压力不均对芯片温度分布的影响。

3.1.1　多物理场耦合模型

压接型 IGBT 器件工作时内部涉及电-热-机械应力场的相互耦合作用，其相互作用关系较为复杂，在建模时可以分解为电-热、热-机械和电-机械应力耦合作用。三者之间的耦合作用关系如图 3.1 所示。

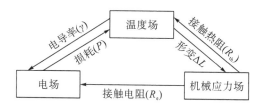

图 3.1　压接型 IGBT 器件电-热-机械多物理场耦合关系

1. 电-热、电-机械耦合数学模型

电场的有限元模型可以表示为

$$\nabla \cdot J = \nabla \cdot \gamma(-\nabla \varphi) = 0 \tag{3.1}$$

其中，J 和 γ 分别为电流密度和电导率；φ 为电势。IGBT 模块导通时产生焦耳热，造成器件温度升高。单位体积的功率损耗可以根据电场结果计算得到：

$$Q_v = \frac{1}{\gamma}|J|^2 \tag{3.2}$$

其中，Q_v 为单位体积内的焦耳热。压接型 IGBT 模块各层材料表面粗糙不平，如图 3.2 所示，材料接触表面的电传导和热传导分别用接触电阻和接触热阻来表征。

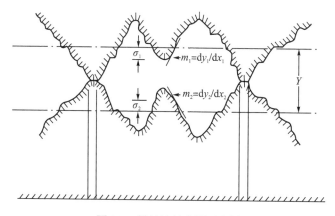

图 3.2　材料接触表面示意图

假设模块内部各层接触表面光洁无污物，接触电阻如下：

$$R_{e} = \frac{\rho_1 + \rho_2}{4} \sqrt{\frac{\pi H}{F}} \tag{3.3}$$

其中，ρ_1、ρ_2 分别为接触面材料的电阻率，$\Omega \cdot m$；H 为较软材料的硬度，MPa；F 为接触压力，N。

根据传热学理论，热传导方程为

$$\nabla \cdot (k \nabla T) + Q_{v} = \rho c \frac{\partial T}{\partial t} \tag{3.4}$$

其中，k 为导热系数，$W/(m \cdot K)$；T 为温度，K；Q_{v} 为单位体积内的焦耳热，W/m^3；ρ 为物体密度，kg/m^3；c 为比热容，$J/(kg \cdot K)$。温度场边界条件为

$$-n \cdot (-k \nabla T) = h(T_{inf} - T) \tag{3.5}$$

其中，n 为边界单位法向量；T_{inf} 为环境温度，K；h 为边界传热系数，$W/(m^2 \cdot K)$。各接触面的接触热阻可以表示为

$$R_{th} = \frac{1}{A \cdot h_{c}} = \frac{1}{h_{s} + h_{g}} \tag{3.6}$$

其中，A 为接触面积，m^2；h_{c} 为接触传热系数，$W/(m^2 \cdot K)$；h_{s} 为收缩传热系数，$W/(m^2 \cdot K)$；h_{g} 为气隙传热系数，$W/(m^2 \cdot K)$。接触面收缩传热系数为

$$h_{s} = 1.25 k_{s} \frac{m}{\sigma} \left(\frac{P}{H_{c}} \right)^{0.95} \tag{3.7}$$

其中，k_{s} 为平均导热系数，$W/(m^2 \cdot K)$；m 为表面平均粗糙斜率；σ 为表面均方粗糙度，m；P 为接触压力，MPa；H_{c} 为接触面较软材料的显微硬度，MPa。

此外，压接型 IGBT 模块封装材料的电导率和导热系数与温度有很强的依赖关系，IGBT 芯片在 I-V 曲线线性区，在相同导通电流作用下，其电阻与温度近似呈线性关系，如下所示：

$$R_{chip} = a \cdot T + b \tag{3.8}$$

其中，a 为芯片电阻率温度系数；b 为常数，可通过曲线拟合得到；T 为材料温度，℃。

材料的导热系数也与温度有关，钼、铜、银、硅的导热系数与温度的函数关系也可以近似用线性关系式 (3.9) 表示：

$$k(T) = z \cdot (T - T_{ref}) + k \tag{3.9}$$

其中，$k(T)$ 是材料导热系数受温度影响；z 是材料导热系数受温度影响的计算系数；T_{ref} 为材料参考温度，K。

综上，压接型 IGBT 模块的电-热耦合效应不仅会影响功率损耗的计算，也会影响器件热传导特性的准确表征。因此，需要考虑电-热耦合效应，以更为精准地获取 IGBT 模块温度分布。

2. 热-机械耦合数学模型

一般情况下，物体由于温度变化而引起热变形，如果受到约束，不能自由膨胀，将产生热应力。根据线性热应力理论，物体的总应变由两部分相加组成，即一部分是由温度变化而引起的，另一部分是由应力引起的。

$$\varepsilon = \varepsilon_{th} + \varepsilon_E$$
$$\varepsilon_{th} = \alpha(T - T_{ref})$$
$$\varepsilon_E = \frac{1}{2}(\nabla u + (\nabla u)^T)$$

(3.10)

其中，ε_{th} 和 ε_E 分别为热应变和应力应变；u 为位移矢量；α 为热膨胀系数，K^{-1}；T 和 T_{ref} 分别为当前温度和参考温度，℃。

von Mises（冯·米泽斯）应力是基于剪切应变能的一种等效应力，反映在一定的变形条件下，材料由弹性状态转为塑性状态的临界应力值。在有限元仿真中，von Mises 应力用于表示在一定变形条件下模型内部的应力分布状况，可以据此快速确定模型中的薄弱环节。

von Mises 应力由三个主应力计算得到，即

$$\sigma = \sqrt{\frac{1}{2}\{(\sigma_1 - \sigma_2)^2 + (\sigma_2 - \sigma_3)^2 + (\sigma_3 - \sigma_1)^2\}}$$

(3.11)

其中，σ_1、σ_2、σ_3 分别为三个主应力，MPa；$\sigma_1 \geqslant \sigma_2 \geqslant \sigma_3$。

3.1.2 多物理场建模

COMSOL 商业有限元软件采用多线程与共享内存技术，具有计算内核更适用于多物理场建模分析以及能提高多物理场仿真速度的优点。为了获取压接型 IGBT 器件内部材料疲劳失效的详细信息，以及方便分析计算，本节采用 COMSOL 软件搭建 3300V/50A 单芯片压接型 IGBT 器件的电-热-机械多物理场耦合仿真模型。为了进一步减少计算时间和计算量，在保证计算精度的情况下，对器件模型进行如下简化：①忽略芯片的塑料支架、陶瓷管外壳、栅极顶针和栅极 PCB，因为它们不是 IGBT 器件的主要散热路径和电流主支路；②忽略模块内部倒角、圆角等细微结构；③忽略芯片有源区外其他结构和接触面的功率损耗。简化后其建模与仿真的主要流程如图 3.3 所示，主要步骤如下：

(1) 根据单芯片压接型 IGBT 器件的内部结构和材料尺寸参数建立器件的几何模型；

(2) 设置器件内部铜、钼、硅和银的材料属性，如热膨胀系数、电导率、杨氏模量和泊松比等；

(3) 根据单芯片压接型 IGBT 器件的运行工况设置压接型 IGBT 器件的电-热-机械物理场参数与边界条件，其中夹具压力 F=1200N，额定电流 I=50A，水冷传热系数 h_w=10000W/($m^2 \cdot K$)。

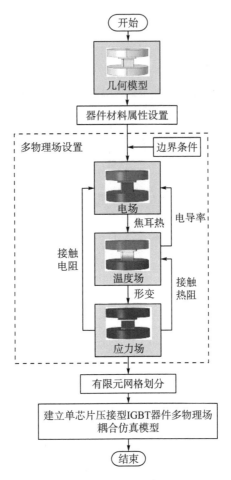

图 3.3　压接型 IGBT 器件多物理场建模流程图

　　考虑到 IGBT 器件和芯片结构复杂，散热器和 IGBT 器件的尺寸相差较大，器件工作时各接触面的接触应力时变，仿真计算难度大。为简化分析，进行如下假设：①几何建模时忽略栅极 PCB、栅极顶针、外壳等结构，忽略倒角、圆角等细微结构，避免网格划分过细增加求解时间；②暂不考虑器件工作过程中接触压力的瞬态变化对接触电阻和接触热阻的影响，以减小仿真难度，假定各接触面的接触电导率和接触传热系数恒定；③省略对散热器和夹具建模，通过在 IGBT 模块上下表面设置等效对流传热系数代替散热器作用，在模块上下表面分别设置边界力载荷和辊支撑模拟夹具作用。

　　1. 多物理场边界条件设置

　　温度对于材料的导热系数和电导率都有一定影响，首先需要设置封装材料温度敏感参数。对于 IGBT 器件，稳态导通条件下芯片电阻占模块总电阻的比例远大于其他封装材料所占比例，因此在求解芯片电导率时，假设只有芯片的电导率随温度变化以简化分析。IGBT 模块的稳态导通电阻可以近似等效为芯片电阻与接触电阻之和。压接型 IGBT 封装材料的导热系数与温度的关系曲线如图 3.4 所示，表 3.1 为曲线拟合得到的相关参数值。

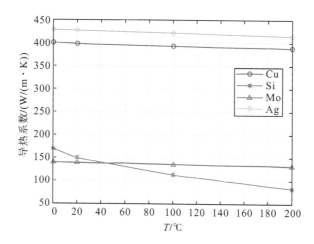

图 3.4　压接型 IGBT 封装材料的导热系数与温度的关系(0～200℃)

表 3.1　封装材料导热系数与温度的关系曲线拟合得到的相关参数值

材料	$z/[\mathrm{W}/(\mathrm{m}\cdot\mathrm{K}^2)]$	$k/[\mathrm{W}/(\mathrm{m}\cdot\mathrm{K})]$	$T_{\mathrm{ref}}/\mathrm{K}$
钼	0.0395	138.91	273.15
银	0.0653	428.23	273.15
铜	0.0573	399.83	273.15
硅	0.4129	160	273.15

　　设置多物理场边界条件如下：环境温度 T_0 为 20℃，在模块集电极表面设置电流终端，电流值为 50A，在模块发射极表面设置接地端。模块采用双面散热，在两侧电极表面设置等效对流传热系数 $h=8000\mathrm{W}/(\mathrm{m}^2\cdot\mathrm{K})$，模拟散热器散热，忽略空气自然对流散热和辐射散热的影响。在模块集电极-上钼片、上钼片-芯片、芯片-下钼片、下钼片-银垫片、银垫片-凸台五个接触面分别设置热接触和电接触，接触导热系数和接触电导率通过公式计算并结合实验结果修正得到，其他表面设置为热绝缘和电绝缘。在模块集电极表面设置边界力载荷 1200N 模拟夹具施加压力，发射极表面设置辊支撑。设置电磁热源、热膨胀和温度耦合以实现多物理场参数的耦合，分步骤开展电-热耦合和热-机械耦合瞬态仿真，并将前者的热源功率稳态计算结果作为后者的求解初始边界条件，仿真时间为 60s。

2. 仿真结果分析

取芯片温度的体平均值作为芯片结温,将模块两侧表面温度平均值分别作为模块壳温,取集电极表面电势值作为模块导通压降,芯片结温-壳温曲线和模块导通压降曲线如图 3.5 所示。仿真开始时,芯片结温为室温 20℃,模块导通压降为 3.6V。随着仿真过程中芯片结温逐渐上升,其电阻率也随温度升高而增大,模块导通压降也逐渐上升,进一步导致芯片结温升高。从 t=20s 开始,模块即达到热平衡,芯片结温趋于稳定,模块导通压降也基本保持不变,芯片稳态结温为 68.9℃,集电极稳态壳温为 37.73℃,发射极稳态壳温为 31.96℃,模块稳态导通压降为 4.25V。对比图 3.5(a) 中的温度曲线可以看出,由于模块结-壳热容远大于芯片自身热容,结温上升速率明显大于壳温。

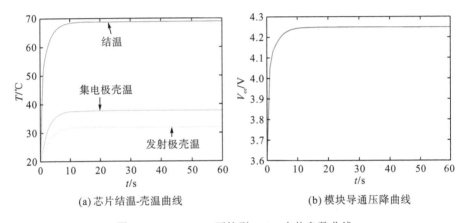

(a) 芯片结温-壳温曲线　　　　　　　(b) 模块导通压降曲线

图 3.5　3300V/50A 压接型 IGBT 电热参数曲线

根据稳态平均结温和壳温,以及模块损耗值,由热阻计算公式 $R_{th}=(T_j-T_c)/P$ 可以得到模块结壳-热阻值,仿真中芯片到集电极侧和发射极侧的平均功耗分别为 125.44W 和 86.65W,计算得到结-集电极壳热阻为 0.249K/W,结-发射极壳热阻为 0.427K/W。

图 3.6 给出了 t=60s,芯片结温达到稳态时,模块整体温度分布、电势分布和 von Mises 应力分布。可以看出,在夹具压力和热应力作用下,模块集电极、上钼片和芯片向下翘曲,银垫片向上翘曲。在各层材料中,下钼片所受 von Mises 应力值最大,模块整体 von Mises 应力最大值点位于芯片与下钼片接触面边角。

当 t=60s 时芯片温度、电势、von Mises 应力、压力和总位移分布如图 3.7 所示。芯片表面温度分布不均匀,最大温差达 36.7℃,栅极区及其相邻有源区边缘温度最高,芯片正面有源区的温度次之,芯片终端区温度最低。结合图 3.6 和图 3.7 可以看出,模块温度最高点位于芯片表面,而模块导通压降主要降落在芯片两端。与芯片向下变形翘曲相对应,芯片表面的 von Mises 应力和压力的最大值位于芯片与下钼片接触面边角，分别为 173MPa 和 127MPa，且由于芯片有源区和终端区表面所受压力方向相反，这里最易产生裂纹。由于芯片中心温度较高，在热膨胀作用下这里的总位移比边缘更大。

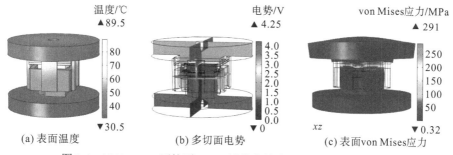

图 3.6　3300V/50A 压接型 IGBT 模块电热力参数仿真结果(t=60s)

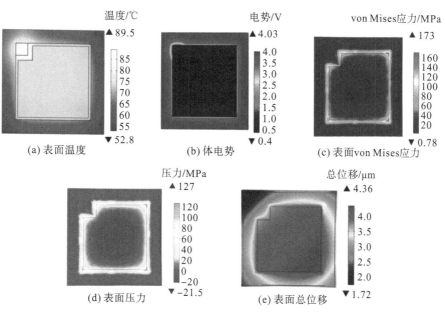

图 3.7　3300V/50A 压接型 IGBT 芯片电热力参数仿真结果(t=60s)

3.2　单芯片压接型 IGBT 器件性能仿真

3.2.1　导通电流对器件性能的影响

本节以 3300V/50A 器件为研究对象，保持外部夹具压力 1200N、环境温度 30℃不变，设置器件导通电流从 10A 到 90A，测试 IGBT 器件在不同导通电流下的结温和导通压降，仿真结果如图 3.8 所示。

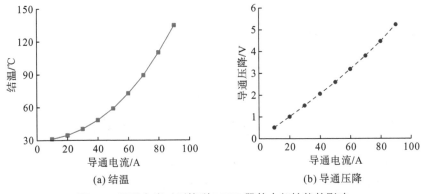

(a) 结温　　　　　　　　　　　　　　(b) 导通压降

图 3.8　导通电流对压接型 IGBT 器件内部性能的影响

从图 3.8 中可以看出，随着导通电流的增加，压接型 IGBT 器件的结温最大值和导通压降也增加，呈正相关。当导通电流在 90A 左右时，器件对应最高结温，超过 125℃，大于器件设计的最高工作温度，会严重影响器件可靠性。因此，应及时通过双面连接散热器进行散热，降低芯片工作结温，保证器件正常稳定工作。

3.2.2　环境温度对器件性能的影响

保持外部夹具压力 1200N、额定导通电流 50A 不变，设置环境温度为 0～100℃，测试 IGBT 器件在不同环境温度下的结温和导通压降，仿真结果如图 3.9 所示。

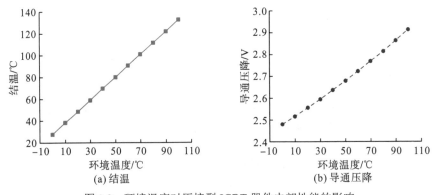

(a) 结温　　　　　　　　　　　　　　(b) 导通压降

图 3.9　环境温度对压接型 IGBT 器件内部性能的影响

从图 3.9 可以看出，随着环境温度的升高，压接型 IGBT 器件的结温和导通压降也增加，呈正相关。当环境温度在 90℃ 左右时，器件对应结温才超过 125℃，即大于器件设计的最高工作温度。而在实际变电站换流阀阀厅里，为了保证柔性直流换流阀正常稳定工作，阀厅内环境较好，器件工作的环境温度一般不超过 70℃，对应图中器件最大结温约 100℃，此时器件工作在正常结温范围内，器件性能较好。

3.2.3　外加压力对器件性能的影响

保持额定导通电流 50A、环境温度 30℃不变，设置外加压力从 1000N 到 2000N，测试 IGBT 器件在不同外加压力下的结温和导通压降，仿真结果如图 3.10 所示。

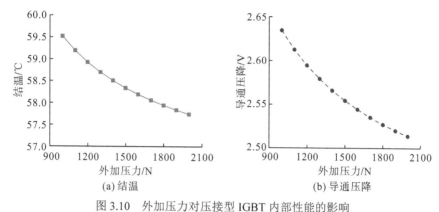

(a) 结温　　　　　　　　　　　　　(b) 导通压降

图 3.10　外加压力对压接型 IGBT 内部性能的影响

从图 3.10 中可以看出，在 1000～2000N 压力范围内，随着外加压力的增加，压接型 IGBT 器件的结温和导通压降下降，呈负相关，这与文献[32]中研究压接型二极管器件外加压力对结温的影响规律类似。在实际工作中，压接型 IGBT 器件的外加压力不可能无限大，从材料力学角度，当器件外加压力导致材料承受应力大于规定承受应力的临界值时，将直接压坏器件内部芯片和封装材料，导致器件无法使用。因此，在器件工作时需要严格控制外部压力在一定范围内，一般对器件施加 1200N 左右的外部夹具压力。

综合比较不同应力对器件性能的影响，发现器件的结温和导通压降随着导通电流和环境温度的增加而增加，导致器件性能不断下降；而随着外加压力的增大，器件结温和导通压降反而减小，在一定压力范围内，器件性能有所好转。器件工作结温和导通压降是判断器件可靠性的重要特征量，导通电流、环境温度和外部压力均影响着器件性能，从而进一步影响器件工作寿命。

3.3　多芯片压接型 IGBT 器件多物理场建模及性能仿真

3.3.1　多芯片压接型封装结构

压接型 IGBT 器件在柔性直流换流阀中使用时，根据电网要求使用不同型号的多芯片结构压接型 IGBT，使用时反向偏置电压大于 4000V，导通电流大于 1000A，运行工况复杂不易验证其失效机理。仿真使用多芯片压接型 IGBT 模块，根据多芯片压接型 IGBT 器件制造商提供的设计图,主要分为 3300V/200A 模块和 3300V/1500A 模块，如图 3.11 所示。

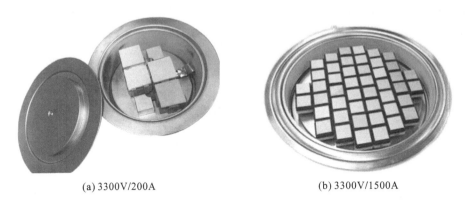

(a) 3300V/200A   (b) 3300V/1500A

图 3.11   多芯片压接型 IGBT 器件

其中 3300V/200A 压接型 IGBT 器件的结构布局只有一种，如图 3.12 所示。总共有 4 个 IGBT，2 个二极管，其中二极管布局在中心位置，IGBT 布局在 4 个角落。

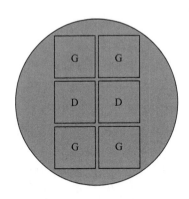

图 3.12   3300V/200A 压接型 IGBT 器件结构布局

3300V/1500A 压接型 IGBT 器件结构布局常见结构有三种，如图 3.13 所示。其中结构一和结构二中有 30 个 IGBT，14 个二极管；结构三有 32 个 IGBT，14 个二极管。结构一中二极管分布在边缘处，IGBT 布局在中心；结构二的二极管布局于器件中心位置，外侧为 IGBT。结构三中二极管主要布局在中心位置，上下两侧分别布置了两个二极管，IGBT 环绕布局在中心二极管周围。

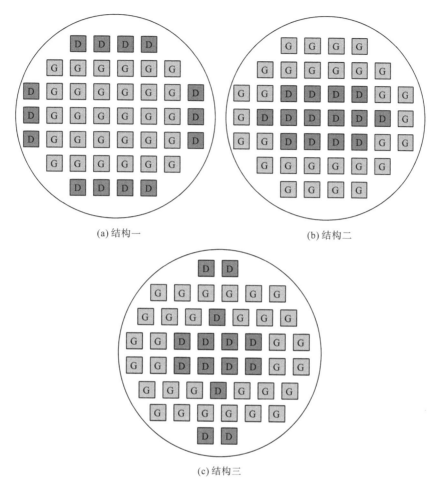

(a) 结构一　　　　　　　　　　　　　(b) 结构二

(c) 结构三

图 3.13　三种 3300V/1500A 压接型 IGBT 器件设计方案

3.3.2　多芯片压接型 IGBT 器件多物理场建模

基于图 3.13 器件结构，采用 COMSOL 软件搭建 3300V/1500A 多芯片压接型 IGBT 器件的电-热-机械多物理场耦合仿真模型。为了进一步缩短计算时间和计算量，在保证计算精度的情况下，对器件模型进行如下简化：①忽略芯片的塑料支架、陶瓷管外壳、栅极顶针和栅极 PCB，因为它们不是 IGBT 器件的主要散热路径和电流主支路；②忽略模块内部倒角、圆角等细微结构；③忽略芯片有源区外其他结构和接触面的功率损耗；④忽略器件集电极铜和发射极铜外部起固定作用的凹槽。

简化后其建模与仿真的主要流程如图 3.14 所示，主要步骤如下：

（1）根据 3300V/1500A 多芯片压接型 IGBT 器件的内部结构和材料尺寸参数（表 3.2）建立器件的几何模型。

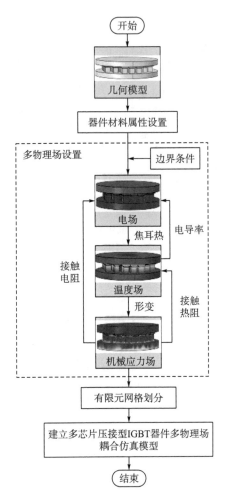

图 3.14　3300V/1500A 压接型 IGBT 器件多物理场建模与仿真流程图

表 3.2　压接型 IGBT 器件部分几何参数

内部结构层	材料	表面积/mm²	厚度/mm
集电极铜	无氧高导电铜	5664.32	7.5
集电极钼	Mo(纯度≥99.93%)	184.96	1.5
芯片(二极管)	Si(表面 Al 金属化)	184.87	0.57
发射极钼(二极管)	Mo(纯度≥99.93%)	88.36	2
银垫片(二极管)	Ag(纯度≥99.99%)	88.36	0.2
发射极凸台(二极管)	无氧高导电铜	84.64	8
发射极底座	无氧高导电铜	5664.32	6.5

(2) 设置器件内部铜、钼、硅和银的材料属性，如热膨胀系数、电导率、杨氏模量和泊松比等。

（3）根据多芯片压接型 IGBT 器件的运行工况设置压接型 IGBT 器件的电-热-机械物理场参数与边界条件，如图 3.15（a）所示，其中夹具压力 F=1200N，额定电流 I=1500A，水冷传热系数 h_w=10000W/(m²·K)。器件多物理场耦合的设置参照 3.1 节的内容。

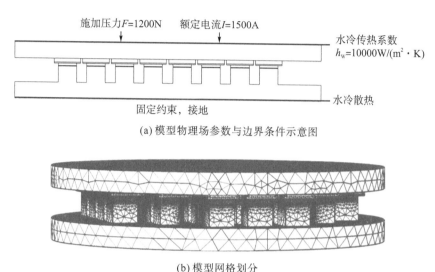

(a) 模型物理场参数与边界条件示意图

(b) 模型网格划分

图 3.15　3300V/1500A 压接型 IGBT 器件仿真模型

（4）对多芯片压接型 IGBT 器件进行有限元建模及网格划分，如图 3.15（b）所示。由于 3300V/1500A 多芯片器件结构复杂，内部包含芯片数量较多，为了准确分析，网格划分时采用细化的单元尺寸。

（5）最终建立 3300V/1500A 多芯片压接型 IGBT 器件多物理场有限元仿真模型。

3.3.3　多芯片压接型 IGBT 器件性能仿真

由于 1500A 多芯片压接型 IGBT 器件的结构布局复杂，考虑完整机构进行有限元仿真时，仿真速度慢且容易出现不收敛状况，故取四分之一模型进行稳态仿真。在忽略二极管续流效果的前提下，不同二极管布局下压接型 IGBT 器件稳态性能仿真对比结果如图 3.16 所示。二极管布局不同会影响多芯片压接型 IGBT 温度、压力分布，当二极管处于居中位置时，中心温度较低，且器件整体最高温度下降。二极管在中心时压力分布较均匀，IGBT 在中心时压力较高。器件在变形倍数为 50 时，可以观测出都发生一定的边界翘曲，边界处 IGBT 性能会受到影响。

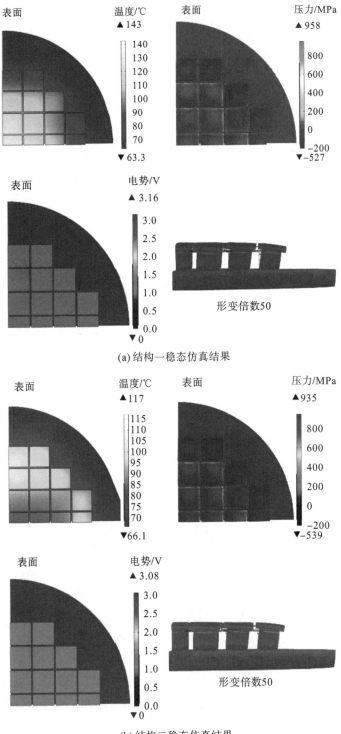

(a) 结构一稳态仿真结果

(b) 结构二稳态仿真结果

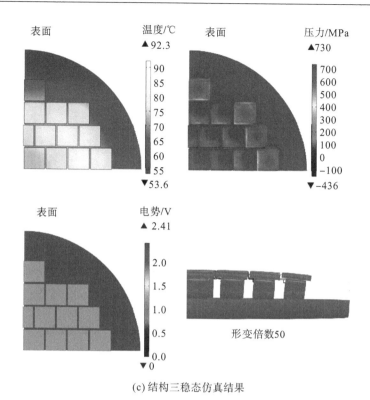

(c) 结构三稳态仿真结果

图 3.16　3300V/1500A 压接型 IGBT 器件稳态性能仿真结果对比

对比各结构芯片表面平均压力、器件最高结温、电压如表 3.3 所示。在未考虑二极管蓄流情况下：①同样输入情况下，对比最高结温、电压的性能，结构三 >结构二>结构一；②通过芯片表面平均压力对比，二极管布局在中间比较好。

表 3.3　3300V/1500A 压接型 IGBT 芯片各结构性能对比

型号	芯片表面平均压力/(N/mm²)	最高结温/℃	电压/V
结构一(二极管在外围)	51.82	143	3.16
结构二(二极管在中间)	30.09	117	3.08
结构三(二极管大部分在中间)	49.69	92.3	2.41

进一步分析结构一和结构三，在考虑多芯片电-热-机械耦合情况下，芯片上下表面的压力分布如图 3.17 所示，其中结构一和结构三在未考虑电-热-机械耦合情况下，边界处 IGBT 受到的压力更大，电-热-机械耦合后，芯片上下表面压力急剧变大。结构一各芯片上下表面压力差更均匀，3、5、7 号芯片压力较大，9 号芯片压力最低，在考虑电-热-机械耦合下，器件内部热膨胀导致中心压力降低。结构三中，IGBT 布局在边界位置，考虑电-热-机械耦合下各 IGBT 芯片压力分布差

距较大，其中 3 号芯片在考虑电-热-机械耦合前后压力均处于最高值，可考虑其是器件的薄弱环节。

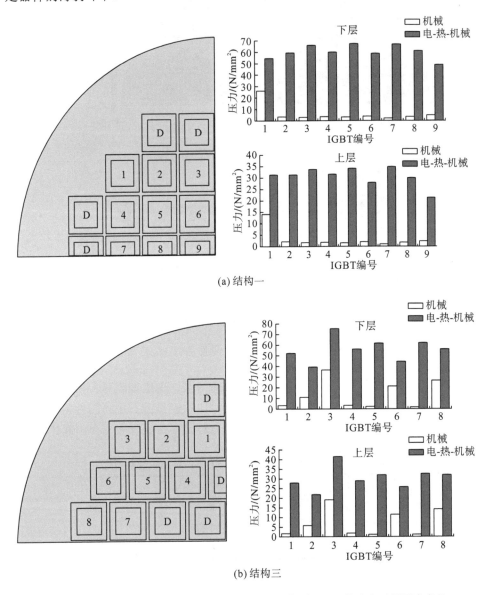

(a) 结构一

(b) 结构三

图 3.17　考虑电-热-机械耦合下 3300V/1500A 压接型 IGBT 芯片上下层压力变化

　　分析结构一和结构三在考虑电-热-机械耦合下各个芯片的结温与导通电流，如图 3.18 所示。在结构一中，处于中心的 5、6、8、9 号 IGBT 结温更高，边界处的 1、2、3、4、7 号 IGBT 的导通电流更大。在结构三中，边界处 1、2、3、6、8 的导通电流相对较高，中心处 4、5、7 号 IGBT 结温相对较高。

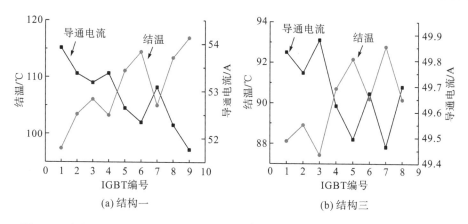

图 3.18　考虑电-热-机械耦合下 3300V/1500A 压接型 IGBT 芯片结温、导通电流变化

通过对考虑多芯片电-热-机械耦合情况下芯片上下表面的压力温度分布，可以看出对边缘芯片进行压力优化，能在一定程度上提高器件可靠性；通过对压接型 IGBT 器件中心芯片进行散热优化，能在一定程度上提高器件可靠性。

3.4　单芯片压接型 IGBT 器件并联模拟多芯片性能仿真

在已经建好的单芯片模块的基础上，设置不同的封装压力，忽略芯片之间的耦合作用，采用两个独立单芯片压接型 IGBT 器件并联，利用以上测得的单芯片器件的实验特性和数学模型参数，建立两芯片并联的有限元模型。采用 COMSOL 仿真手段，研究两个芯片并联运行且分别受压 1200N 和 2500N 以及 2500N 和 500N 时的电热分布规律，简化后并联的单芯片有限元模型如图 3.19 所示。

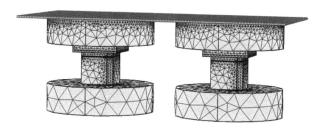

图 3.19　简化后并联的单芯片有限元模型

仿真条件设置为压接型 IGBT 器件下侧（发射极侧）等效对流传热系数 5000W/(m²·K) 等效成单面水冷散热，冷却水温设置为 15℃。器件其他表面设置为热绝缘，环境温度为室温 26℃，器件初始温度 15℃，器件为恒导通工况，热源总功率取器件的通态损耗，模型瞬态仿真时间 240s。

图 3.20 为不同压力(500N 和 2500N)的并联芯片瞬态仿真结果。其中,图 3.20(a)
和(b)分别显示了压力为 500N 与 2500N 的芯片注入电流后,温度和电流分布的瞬
态变化过程。由图 3.20 可见,两个芯片温度逐渐上升的变化规律基本一致,芯片
温度在前期上升迅速,500N 压力下芯片从室温增加到 150℃ 以上然后逐渐趋向
稳定,2500N 压力下芯片温度从室温增加到 130℃ 以上然后逐渐趋向稳定。芯片
导通电阻随着温度的升高也在稳步增大,而且,导通电阻的变化导致两并联芯
片获得的分配电流有所变化,压力为 500N 的芯片分配电流先上升至 35.1A 再下
降至约 35A 时有所下降,而压力为 2500N 的芯片分配电流从 49.9A 上升至约
50.1A。

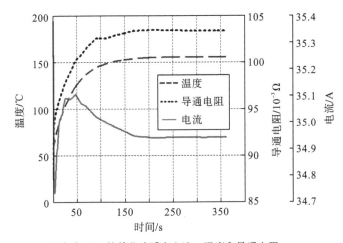

(a) 压力为500N的单芯片瞬态电流、温度和导通电阻

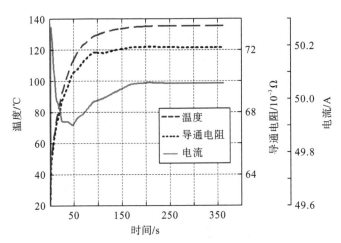

(b) 压力为2500N的单芯片瞬态电流、温度和导通电阻

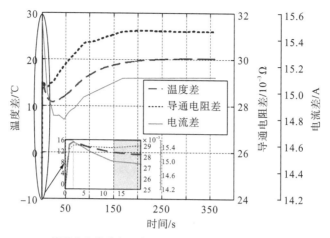

(c) 并联芯片的瞬态温度差、电流差和导通电阻差

图 3.20　模拟并联芯片的瞬态仿真

　　并联芯片之间温度差、电流差和导通电阻差的瞬态变化过程如图 3.20(c) 所示。由于温度和导通电阻的耦合关系，两并联芯片温度差的波动使导通电阻发生变化，进而影响电流分配，这一耦合过程在图 3.21 中进行了分解诠释。

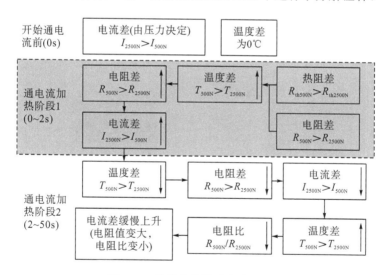

图 3.21　并联芯片的瞬态过程分解

　　首先，在未通入电流的时刻(0s)，并联芯片的温度相同(都为环境温度)，而由于所受压力不同，接触电阻不同，反映为总电阻存在差异($R_{500N}>R_{2500N}$)，进而使得初始阶段芯片间存在电流差($I_{2500N}>I_{500N}$)，为14.2A。

　　在通电流加热阶段 1(0～2s)，由于所受压力不同，并联芯片的初始热阻($R_{th500N}>R_{th2500N}$)和电阻($R_{500N}>R_{2500N}$)也存在差异，进而导致温度差($T_{500N}>T_{2500N}$)

迅速增加，而由于器件的导通电阻和温度是正相关的关系，电阻差随温度差增大，在 2s 内有 5mΩ 的增长，反映为电流差增长 1.4A($I_{2500N}>I_{500N}$)。

在通电流加热阶段 2(2～50s)，由于外部环境的影响以及电流差的增大，温度差上升到一定程度开始下降，引起电阻差($R_{500N}>R_{2500N}$)下降，从而反映为电流差($I_{2500N}>I_{500N}$)开始下降，其结果就是使得温度差($T_{500N}>T_{2500N}$)开始回升且上升速度减缓并趋于稳定。而总电阻在阶段 1 得到了积累，此时虽然电阻差增大，但总的电阻比变化缓慢，使得电流差逐渐降低。上述过程可以总结为，在并联芯片注入电流的过程中，温度和电流相互耦合影响，并在电加热过程中存在两次振荡，最后趋于稳定。

综上，在并联芯片运行过程中，压力和温度均对电流的分配有影响，初始时电流差为 14.2A(压力的直接影响)，电加热过程中温度差引起的电流差波动最大为 1.4A。说明相较于压力的差异对电流分配的直接影响，由压力的差异引发的温度差对电流分配的影响要小得多。然而在整个过程中，压力为 2500N 的器件承受了较大的电流，但器件温度较低。

提取两组并联芯片在达到稳态时的电流和温度分布的仿真结果，如图 3.22 所示，可以看出芯片的最高温度出现在边缘部分，通过红外摄像仪提取芯片边缘温度可以等效为芯片的最高温度；而且仿真表明，稳态时压力低的器件温度较高，温度差为 10℃左右，进一步说明压力不均导致的接触热阻差异决定了温度的分布。

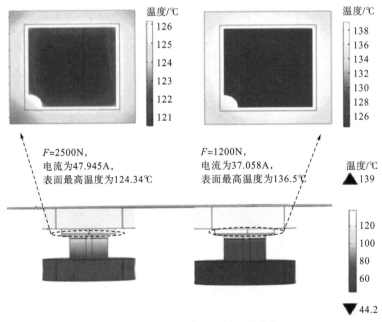

(a) 2500N和1200N的单芯片并联电热分布

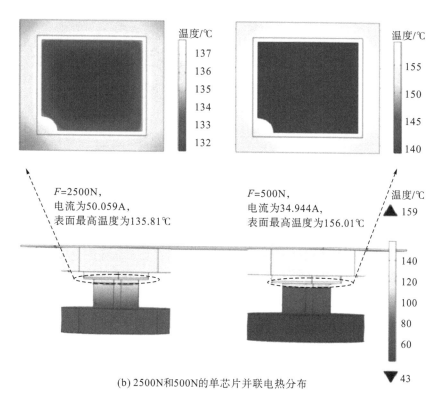

(b) 2500N和500N的单芯片并联电热分布

图 3.22 并联芯片的稳态温度和电流分布仿真结果

3.5 本章小结

本章主要对单芯片压接型 IGBT 器件进行了多物理场建模，研究了单芯片压接型 IGBT 器件电-热-机械耦合多物理场建模方法。分析了不同导通电流、环境温度和外部压力对单芯片 IGBT 器件内部性能的影响，器件的结温和导通压降随着导通电流和环境温度的增加而增加，导致器件性能不断下降；而随外加压力的增大，器件结温和导通压降反而减小，在一定压力范围内，器件性能有所好转。研究了不同封装结构对多芯片压接型 IGBT 器件内部芯片电、热、机械应力的影响，通过中心布置续流二极管的方法能提升多芯片压接型 IGBT 器件的电热性能。通过模拟两芯片并联压接型 IGBT 器件内部性能可知，并联芯片间承受不同的压力，导致两个芯片的电流、温度分布不同，承受压力小的 IGBT 器件温度高、电流低。

第4章 压接型IGBT器件封装疲劳失效物理建模及仿真

4.1 单芯片压接型IGBT器件微动磨损失效物理建模及仿真

4.1.1 压接型IGBT器件各层材料微动磨损参数

以单芯片压接型 IGBT 器件为例，各层材料在功率循环中受材料的热膨胀影响，使各层材料表面压力增大速率降低，进而影响各层材料的微动磨损寿命，而微动磨损寿命主要受最大压力的影响，随着压力的增大，材料容易出现疲劳断裂，材料的微动磨损寿命公式为[29]

$$N_f = \left(\frac{\sigma_c}{\sigma_f} \right)^{1/m} \tag{4.1}$$

其中，N_f 为材料的微动磨损寿命；σ_c 为材料受到的压力；σ_f 为材料的屈服极限；m 为微动磨损系数。因此，只需要知道各种材料的屈服极限 σ_f 和微动磨损系数 m，以及压接型 IGBT 器件在功率循环中各层材料受到的压力，即可以计算出各层材料的微动磨损寿命。随着压接型 IGBT 器件不断功率循环，各层材料受到的压力不同，通过上述三个参数就可以知道压接型 IGBT 在功率循环中各层材料的微动磨损寿命极限。

压接型 IGBT 器件中各层材料主要是铜、硅、钼、银，而在硅芯片表面上下层镀有几微米厚的铝，因此在功率循环中硅芯片的微动磨损寿命还需考虑铝材料的微动磨损寿命极限，通过对铜、硅、钼、银、铝材料的相关材料力学的文献查阅，得到了这些材料的微动磨损参数，如表 4.1 所示[29,30,33,34]。

表 4.1 压接型 IGBT 器件内部各种材料微动磨损参数

材料	材料的屈服极限 σ_f	微动磨损系数 m
铜	514	−0.07
硅	1100	−0.02
钼	1150	−0.12
银	33700	−0.14
铝	913	−0.14

根据表 4.1 中压接型 IGBT 器件内部各种材料微动磨损参数，与式 (4.1) 相结合，通过对压接型 IGBT 器件功率循环时各工况的结果进行仿真，提取稳态时各层材料受到的最大压力就可以算出各层材料的微动磨损寿命，进一步可以得到压接型 IGBT 器件内部材料的微动磨损薄弱区域，进行压接型 IGBT 器件微动磨损失效过程仿真。

4.1.2 压接型 IGBT 器件微动磨损建模及仿真

首先对正常压接型 IGBT 器件进行接触层划分，以正常压接型 IGBT 器件工作工况为例，将压接型 IGBT 器件分为 5 层，如图 4.1 所示。

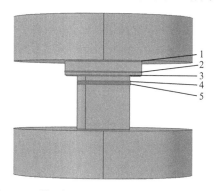

图 4.1 压接型 IGBT 器件各层组件接触层划分

1-集电极铜与集电极钼接触层；2-芯片硅与集电极钼接触层；3-芯片硅与发射极钼接触层；

4-银垫片与发射极钼接触层；5-银垫片与发射极铜接触层

设置瞬态仿真工况如表 4.2 所示，其结温仿真结果如图 4.2 所示，在 A 点时提取压接型 IGBT 器件表面的压力分布。

表 4.2 瞬态仿真工况

参数	取值	参数	取值
施加压力	1200N	循环时间	150s
导通电流	50A	占空比	0.5
室温	25℃	散热系数	5000W/(m²·K)

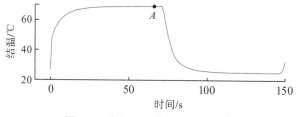

图 4.2 功率循环中结温变化曲线

　　通过仿真结果可以得出，在导通电流 50A、施加压力 1200N、环境温度 25℃ 的情况下，压接型 IGBT 器件在 70s 后达到稳定状态，提取器件整体侧面的压力分布如图 4.3 所示。由图可知，器件上下两侧的压力很小(低于 50MPa)，器件中部压力较大。

图 4.3　压接型 IGBT 器件整体压力分布(单位：MPa)

　　根据图 4.3 仿真结果,进一步提取压接型 IGBT 器件内各层组件的表面压力分布，如图 4.4 所示。IGBT 芯片下表面和发射极钼层的压力最大(220Mpa)，集电极钼层和银垫片、集电极铜的压力相对较小。由图 4.4(c)可以看出，压接型 IGBT 芯片表面压力分布呈现：芯片与发射极钼层相接触部位的边缘压力高，芯片中心和边界压力低的趋势。因此，在导通电流 50A、施加压力 1200N、环境温度 25℃ 下，压接型 IGBT 器件内芯片部位承受了较大的压力，容易发生微动磨损，造成粗糙度变化进而发生破裂。

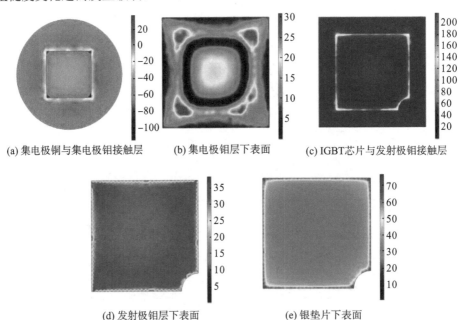

(a) 集电极铜与集电极钼接触层　　(b) 集电极钼层下表面　　(c) IGBT芯片与发射极钼接触层

(d) 发射极钼层下表面　　(e) 银垫片下表面

图 4.4　压接型 IGBT 器件各层组件表面压力分布(单位：MPa)

　　综上，压接型 IGBT 器件微动磨损失效的过程是表面粗糙度变化，最终导致压接型 IGBT 器件表面出现裂纹的过程，因此通过对压接型 IGBT 器件的功率循环仿真提取器件内部各个表面受到的压力能进一步推导其微动磨损寿命。

　　通过对各层材料的微动磨损参数进行计算，可以把各个接触层的压力值转化为各层的微动磨损循环寿命。计算后的结果如图 4.5 所示，取各层材料的最低循环次数作为柱状图的峰值，由图 4.5 可以看出，IGBT 芯片因为受到最大的压力且其屈服极限较小，在经微动磨损参数计算后其循环次数最小，几乎经过 10^4 次循环其表面就出现裂纹。这也是由压接型 IGBT 芯片表面镀的铝，铝的屈服极限更小所导致，因此压接型 IGBT 器件在发生微动磨损失效的过程中硅芯片是薄弱环节。

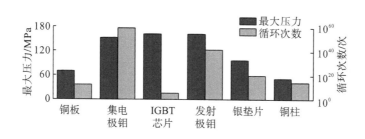

图 4.5　压接型 IGBT 器件内部各层材料最大压力与最小微动磨损循环次数

　　对压接型 IGBT 器件内部其他各层进行分析，虽然集电极钼和发射极钼受到的压力排名第二，但钼材料的屈服极限最大，微动磨损系数最小，经微动磨损寿命方程计算后其寿命最高，不易发生微动磨损出现裂纹。而发射极钼由于和 IGBT 芯片接触，受力是相互的，其微动磨损寿命受钼材料的影响，寿命很高，达 10^{40} 循环次数。铜材料虽然屈服极限最小，但其微动磨损系数最大，且受到的压力比较小，不易引起微动磨损，其寿命均在 10^{20} 循环次数左右。而银垫片因其受到的压力较小，也不容易发生微动磨损疲劳，故在压接型 IGBT 器件微动磨损老化过程中，可以不考虑集电极铜板、发射极铜柱、集电极钼层、银垫片的微动磨损失效，认为 IGBT 芯片是压接型 IGBT 器件微动磨损失效的薄弱环节。

　　进一步提取 IGBT 芯片两侧微动磨损寿命分布，如图 4.6 所示。IGBT 芯片表面发射极侧有最高和最低的微动磨损寿命分布，IGBT 芯片表面微动磨损最低部位在发射极表面，其轮廓与发射极钼层相似。IGBT 芯片表面微动磨损最高部位在发射极表面的四个角落。这进一步得出了 IGBT 芯片是薄弱区域，最薄弱点在芯片与发射极钼层接触的边缘。

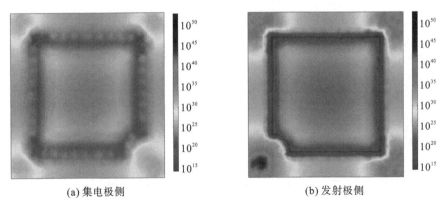

(a) 集电极侧   (b) 发射极侧

图 4.6 压接型 IGBT 芯片两侧微动磨损寿命分布(单位:次)

4.2 单芯片压接型 IGBT 器件短路失效建模及仿真

4.2.1 短路失效条件分析

首先设置不同的外界环境温度、施加压力、导通电流,通过仿真分析不同外界条件下芯片的结温 T_j 与壳温 T_c 的变化状况,寻找满足压接型 IGBT 器件短路失效的特殊工况。

在工况一定的情况下,分析不同环境温度下单芯片压接型 IGBT 器件结温 T_j 与壳温 T_c 的变化状况,如图 4.7 所示。

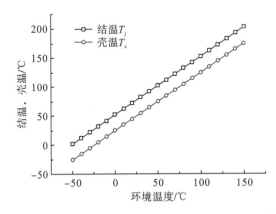

图 4.7 环境温度对压接型 IGBT 器件结温和壳温的影响

通过图 4.7 可以看出,在环境温度变化到 150℃ 的情况下也不会使单芯片压接型 IGBT 的结温达到 400℃ 以上,使硅芯片与其铝镀层发生扩散现象出现短路失效的条件。

在工况一定的情况下，分析在不同施加压力下单芯片压接型 IGBT 结温 T_j 与壳温 T_c 的变化状况，如图 4.8 所示。

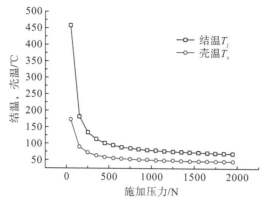

图 4.8　施加压力对压接型 IGBT 器件结温和壳温的影响

通过图 4.8 可以得出，随着施加压力的增加，单芯片压接型 IGBT 器件的结温逐渐降低，最终趋于平稳。但是当施加压力低于 100N 时，芯片结温会达到 400℃以上，满足短路失效发生条件。实际使用中单芯片压接型 IGBT 器件的施加压力不会低于 100N，在多芯片压接型 IGBT 器件中边界翘曲现象会导致这一状况出现，因此不把低于 100N 施加压力的工况作为单芯片压接型 IGBT 器件短路失效发生的条件。

通过图 4.9 可以得出，随着导通电流的增加，IGBT 芯片结温急速上升，当导通电流大于 140A 时，芯片结温上升至 430℃，达到硅、铝材料反应条件，满足单芯片压接型 IGBT 器件短路失效发生的条件，在实际压接型 IGBT 器件使用中，当换流阀用压接型 IGBT 器件遭遇电流冲击时，通过 IGBT 器件的电流会达到 140A 以上，因此以 140A 导通电流时的工况作为单芯片压接型 IGBT 器件短路失效工况，进行压接型 IGBT 器件失效过程的分析。

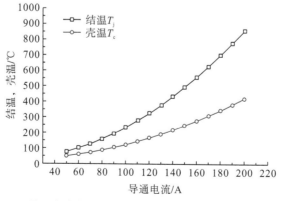

图 4.9　导通电流变化对压接型 IGBT 器件结温和壳温的影响

4.2.2 短路失效过程模拟设置

首先对正常压接型 IGBT 器件进行失效工况仿真,在 140A 导通电流情况下压接型 IGBT 芯片的整体结温分布如图 4.10 所示。

通过仿真结果可以看出,在导通电流 140A 的情况下,压接型 IGBT 芯片的最高温度达到 424℃, 提取压接型 IGBT 芯片表面结温分布, 如图 4.11 所示。

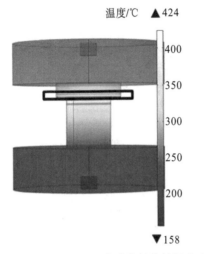

图 4.10　压接型 IGBT 芯片的整体结温分布　　图 4.11　压接型 IGBT 芯片表面结温分布
（导通电流 140A）

通过压接型 IGBT 芯片表面结温分布可以得出,压接型 IGBT 芯片表面的温度呈现中间高边界低的趋势, 查找 IGBT 芯片表面温度最高区域可以发现, 在圆圈处的温度也就是在 424℃,可见压接型 IGBT 芯片在导通电流 140A 的情况下内部大部分区域都会达到短路失效发生的条件。考虑短路失效发生状况出现的部位大部分在栅极附近,因此设置压接型 IGBT 芯片短路失效发生部位如图 4.12 所示。

图 4.12　短路失效发生部位设置

设置短路失效发生路径为一个小孔，小孔的半径为 0.1mm，深度为 IGBT 芯片的厚度，区域在门极附近。短路失效的过程是铝不断融入硅中的过程，因此短路失效发生区域的电导率由正常状态不断发生变化，最终当铝完全融入后电导率等于铝材料的电导率，电流全部从失效区域流过，芯片其他区域不再有电流流动，因此可以推导出失效区域的电导率变化方程为

$$Q = Q_{Al} \times \alpha + Q_{Si} \times (1 - \alpha) \tag{4.2}$$

其中，Q 为短路失效区域的电导率；Q_{Al}、Q_{Si} 为铝和硅的电导率；α 为铝渗透量。实际仿真过程中通过修改小孔电导率的变化倍数 n 来模拟短路失效发生过程，小孔电导率变化倍数方程为

$$n = \frac{Q}{Q_{Si}} \tag{4.3}$$

据此设置完单芯片压接型 IGBT 器件短路失效过程中的失效区域和变化参数的仿真条件，其余仿真条件与压接型 IGBT 器件正常工况中仿真条件相同。

4.2.3 短路失效过程特征参数变化

1. 压接型 IGBT 器件失效区域特征参数变化

随着失效区域小孔电导率的不断变化，失效区域的特征参数，如最高温度、电流、电阻、电压的变化如图 4.13 所示，失效区域电阻、电压不断降低，通过失效区域的电流不断升高，最终 140A 全由失效区域经过，失效区域的最高温度先升高再降低，最终彻底短路时，该区域等效为导线，最高温度几乎为零。

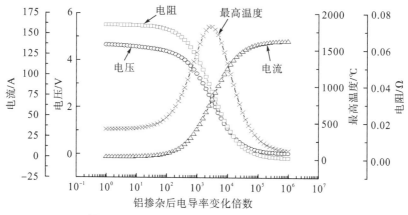

图 4.13 失效区域短路失效过程特征参数变化

在 140A 导通电流情况下，单芯片压接型 IGBT 器件短路失效进程不断加深，当小孔电导率变大 $10^{3.5}$ 倍时，失效部位温度达到最高，此时芯片表面结温分布如图 4.14 所示，芯片表面温度主要集中在失效部位，达到了 1464℃，其他区域温度几乎为零。

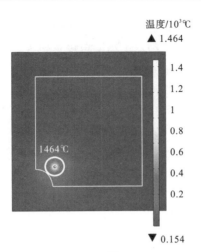

温度/10³℃

▲ 1.464

1464℃

▼ 0.154

图 4.14   小孔电导率变大 $10^{3.5}$ 倍时芯片表面结温分布

由此可以看出，在压接型 IGBT 器件短路失效的渐变过程中，导通电流全从失效部位通过，失效部位的最高温度升高，加速了短路失效的进程，短路失效后期失效部位铝渗透越来越多，几乎等效为导线，使失效区域的最高温度不断降低，最终失效区域的温度逐渐降低到零，失效区域的电阻与电压也几乎为零。

2. 压接型 IGBT 器件整体特征参数变化

随着失效区域小孔电导率的不断变化，压接型 IGBT 器件整体的特征参数(导通压降、芯片结温、整体热阻、整体电阻)的变化如图 4.15 所示，所有的特征参数随着短路进程的加深都在不断降低，导通压降、芯片结温、整体电阻最终降低到零，整体热阻虽然在不断下降，但变化量不大，不易通过压接型 IGBT 器件整体热阻的变化来辨识压接型 IGBT 器件是否发生短路失效。

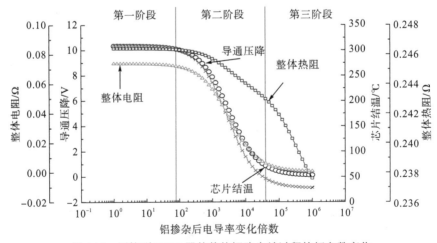

图 4.15   压接型 IGBT 器件整体短路失效过程特征参数变化

对压接型 IGBT 整体短路失效过程特征参数变化进行分析,可以将其划分为三个阶段。第一阶段为短路失效初始阶段,这个阶段主要是芯片表面发生微动磨损出现裂纹和铝元素开始渗透,此时单芯片压接型 IGBT 器件整体特征参数变化并不剧烈。

第二阶段与老化加速阶段相对应,此时铝元素不断渗透到硅芯片中,电导率急速降低,使失效区域的电导率不断下降,导致压接型 IGBT 器件整体的特征参数不断降低,该阶段在实际芯片中由铝元素与硅芯片反应形成渗透坑,且渗透坑不断劣化穿过 IGBT 芯片。

第三阶段与最终开路失效的前期相对应,此时铝元素已经完全渗透并穿过硅芯片与钼层相接触继续发生反应,但在最终开路失效反应初期失效区域已经完全由铝元素代替,压接型 IGBT 芯片等效为导线,压接型 IGBT 器件整体特征参数几乎都为零。

4.2.4　短路失效对内部材料的影响

前面分析了压接型 IGBT 器件整体和失效区域的特征参数变化,但是对压接型 IGBT 器件内部各层材料的影响并不可以通过特征参数的变化来辨识。分析发生短路失效后压接型 IGBT 器件内部各层材料属性变化,可为压接型 IGBT 器件的短路失效优化设计提供一定理论支撑。

随着短路失效的不断进行,压接型 IGBT 器件内部各层热阻的变化如表 4.3 所示,表中分别列出了短路失效前各层热阻、短路失效后各层热阻,以及热阻的变化率。由热阻的变化可以推导压接型 IGBT 器件内部各层的哪一层在短路失效中易发生失效。

表 4.3　短路失效前后压接型 IGBT 器件内部各层热阻的变化

各层材料	短路前热阻/ (K/W)	短路后热阻/ (K/W)	热阻变化率 /%
集电极铜板	0.0151	0.0152	0.7
集电极钼层	0.05	0.048	4
硅芯片	0.0046	0.0016	65.2
发射极钼层	0.041635	0.038288	8
银垫片	0.002605	0.002541	2.5
发射极铜层	0.128063	0.125963	1.7

由表 4.3 可以看出,压接型 IGBT 器件内部热阻的变化主要是由硅芯片引起的,在短路失效前后,硅芯片的热阻变化率为 65.2%。

4.3 单芯片压接型 IGBT 器件栅极弹簧失效建模及仿真

4.3.1 栅极弹簧结构

在压接型 IGBT 模块结构中，芯片栅极和栅极 PCB 通过弹簧针结构连接，以保持两者之间的可靠接触，保证栅极信号传输。弹簧针又称弹簧顶针、Pogo pin，在电子产品领域多用于精密电气连接。弹簧针的内部结构及栅极电流传输路径如图 4.16 所示。

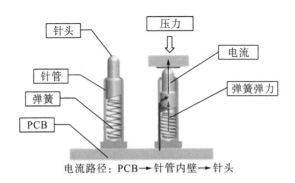

图 4.16 弹簧针内部结构及栅极电流传输路径

栅极顶针主要由针头、针管和弹簧构成，针头和针管的材质一般选用黄铜，弹簧材质为弹簧钢丝，通常在针头表面镀金以提高其防腐、机械和电气性能。由于弹簧电感值较大，为避免栅极信号经过弹簧发生畸变，必须保证弹簧针针头和针管内壁的良好接触。

4.3.2 栅极弹簧失效模式与失效机理

栅极弹簧失效是压接型 IGBT 器件独有的一种失效模式，包括弹簧疲劳断裂、弹簧应力松弛和芯片栅极磨损。栅极弹簧失效会导致 IGBT 器件失效或整体性能下降。其中栅极弹簧疲劳断裂和芯片栅极磨损会导致栅极顶针和芯片栅极连接开路失效；弹簧应力松弛和芯片栅极磨损会造成栅极顶针与芯片栅极的接触电阻增大，因此导致栅极电阻增大，器件开关损耗增大，芯片结温升高，严重时会使芯片过热失效。

在压接型 IGBT 器件中，栅极弹簧保持压缩状态，即使其所受应力值大于弹簧材料的屈服应力，长时间作用下弹簧材料也会发生蠕变，即弹簧原有的弹性应变开始逐渐转化为塑性应变，外部表现为弹簧应力松弛。已有研究表明，弹簧剩余应力与环境温度、弹簧材料和工作时间有关，其应力损失率与工作时间的关系如下：

$$\frac{\sigma}{\sigma_0} = 1 - \left(\beta \ln \frac{t}{t_0} \right) \tag{4.4}$$

其中，σ_0 为弹簧初始应力；σ 为 t 小时后弹簧的剩余应力；β 和 t_0 为与温度相关的常数。以 C17200 型栅极弹簧为例，在不同温度下弹簧剩余应力与工作时间的关系曲线如图 4.17 所示。

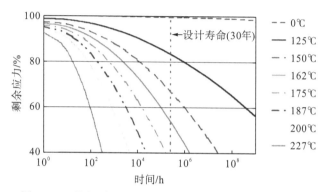

图 4.17　不同温度下 C17200 型栅极弹簧的应力松弛曲线

可以看出，在室温下栅极弹簧应力松弛速率(蠕变速率)很慢，若温度低于 125℃，30 年后其剩余应力仍保持在 85% 以上。但随着环境温度的升高，弹簧的应力松弛速率逐渐加快，当温度达到 227℃ 时，在弹簧仅工作数百小时后，其剩余应力就已经低于初始应力的 40%。由于压接型 IGBT 器件正常工作的结温上限为 125℃，因此理论上栅极弹簧的应力松弛速率很慢。

图 4.17 所示的实验是在弹簧恒温和恒定应变的条件下进行的，而在压接型 IGBT 器件工作过程中，由于器件功率交变，栅极弹簧会经受循环热应力冲击，出现周期性疲劳累积，最终断裂失效。IGBT 器件工作时功率交变造成芯片结温波动，栅极顶针与芯片之间的热交换会导致栅极弹簧平均温度升高且存在周期性波动，同时使弹簧受到周期性热应力冲击。在栅极弹簧初期处于弹性应变阶段时，这种热应力冲击不会造成弹簧疲劳损伤，但随着弹簧进入塑性应变阶段，每一次热应力循环都会造成弹簧材料的疲劳累积，蠕变过程加快，最终弹簧断裂，栅极连接开路失效。

此外，压接型 IGBT 器件在工作时，栅极顶针在周期性交变热应力作用下，会与芯片栅极之间出现小幅度的切向往复运动，由于栅极顶针针头镀层比芯片栅极表面铝层更硬，这种周期性微动会造成芯片栅极表面磨损，磨损产生的碎屑增大了栅极表面的粗糙度，使栅极与顶针之间的接触电阻增大。如果此时芯片暴露在空气中，在磨损形成的擦痕表面会生成氧化铝膜，使得接触电阻进一步增大。此外，栅极弹簧因蠕变造成的应力松弛也会使栅极顶针与芯片栅极间的接触压力减小，接触电阻增大。栅极接触电阻增加将导致栅极电阻增大，造成 IGBT 器件开关时间延长、开关损耗增大、芯片结温升高、模块工作性能下降、老化进程加快，严重时芯片会因过热失效。而芯片结温升高会同时导致芯片通态电阻增大、栅极弹簧应力松弛速率加快、弹簧所受热应力增加，这些因素促使芯片结温进一步上升，形成正反馈过程，最终芯片结温不断升高，造成器件失效。

由于压接型 IGBT 模块产品内通常都充有惰性气体且密封性良好，这避免了微动磨损过程中栅极表面氧化铝膜的生成，接触电阻增加主要与表面粗糙度增大有关。随着微动磨损的不断进行，栅极表面会因微动疲劳出现裂纹，最终造成芯片栅极连接开路。

4.3.3 栅极弹簧失效过程分析

压接型 IGBT 器件工作时产生的热应力和高温会加速栅极弹簧的蠕变过程，循环热应力还会造成疲劳累积。通过有限元仿真提取 IGBT 器件功率循环前后栅极弹簧所受的热应力，可以为进行弹簧蠕变疲劳的加速过程分析奠定基础。这里以 3300V/50A 单芯片压接型 IGBT 器件为例进行分析。

在 SolidWorks 中建立栅极顶针的几何模型，如图 4.18 所示。顶针原长为 10mm，实际工作长度为 8.7mm，弹簧压缩量为 1.3mm。由弹簧弹性系数 140gf [①]/ 1.8mm 得弹簧的工作载荷约为 1N。

3300V/50A 压接型 IGBT 器件的几何模型如图 4.19 所示，建立其热-机械场耦合有限元仿真模型，分别设置功率循环工况和恒温恒载荷条件。首先设置模拟功率循环工况，机械应力场边界条件设置如下：模块上表面施加 1200N 载荷，下表面、电极法兰、陶瓷外壳接触面、栅极接触面设置辊支撑，在栅极顶针底部施加 1N 载荷。温度场边界条件设置如下：环境及模块初始温度均为室温 25℃。计算压接型 IGBT 器件导通损耗和开关损耗以设置热源功率，对于导通压降为 2.8V 的 3300V/50A 压接型 IGBT 模块，在开关频率 f=200Hz、占空比 D=0.5 时，由导通损耗 $P_{con}=D \cdot V_{on} \cdot I$ 和开关损耗 $P_{sw}=f \cdot E_{sw}$ 算得其总损耗 P=190W，功率循环周期取 2.5s/5s。模块采用双面散热，在模块上下表面设置等效对流传热系数 5000W/(m²·K) 以模拟水冷散热器散热，在集电极-上钼片、上钼片-芯片、芯片-下钼片、下钼片-银垫片、银垫片-凸台接触表面设置热接触条件，模块其他表面设置为热绝缘。设置热膨胀和温度耦合以实现热、力场参数耦合，瞬态仿真时间为 75s。在设置恒温恒载荷条件时，力场边界条件设置与功率循环工况设置完全相同，热场边界条件设置环境及模块初始温度为室温 25℃。

---

① 1gf=9.8×10⁻³N。

图 4.18　栅极顶针几何模型　　　图 4.19　3300V/50A 压接型 IGBT 器件几何模型

首先开展功率循环工况仿真，取芯片热源平均温度作为芯片结温，提取压接型 IGBT 单芯片模块结温、栅极弹簧平均温度和平均 von Mises 应力曲线如图 4.20 所示。

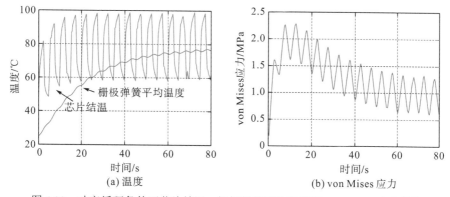

(a) 温度　　　　　　　　　　　　(b) von Mises 应力

图 4.20　功率循环条件下芯片结温、栅极弹簧平均温度和 von Mises 应力曲线

可以看出，从第 4 个循环周期开始，芯片结温波动就已经达到稳态，而栅极弹簧平均温度波动从第 15 个周期开始才达到稳态，且每个周期内栅极弹簧温度波动幅值远小于芯片结温波动幅值。这是由于栅极弹簧的温度变化主要来自栅极顶针与芯片之间的热交换，而栅极顶针与芯片栅极之间的初始接触面积只有 $7.85 \times 10.3 \text{mm}^2$、栅极弹簧与栅极顶针之间的接触面积更是只有 10.7mm^2，由傅里叶导热定律可知接触面热流量很小，如式 (4.5) 所示，因此每个功率循环周期内栅极弹簧温度波动较小。在功率循环过程中，栅极弹簧因温度交变会出现热膨胀变形，在外部约束条件下产生交变热应力，仿真结果表明，一个功率循环周期内，栅极弹簧平均温度和 von Mises 应力波动幅值分别为 1.43℃和 0.72MPa。

$$Q = -kA \frac{\mathrm{d}T}{\mathrm{d}x} \tag{4.5}$$

进一步分析在一个功率循环周期内栅极顶针、栅极弹簧整体温度和 von Mises 应力分布变化，以第 15 周期为例，在 $t=70\text{s}$ 和 $t=73\text{s}$ 时，栅极弹簧平均温度分别达到周期最小值和最大值，栅极顶针和栅极弹簧的温度分布如图 4.21 所示。

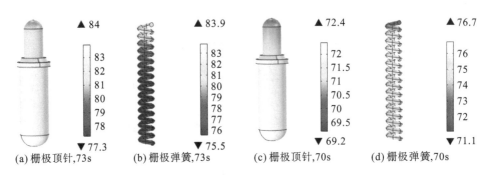

(a) 栅极顶针,73s   (b) 栅极弹簧,73s   (c) 栅极顶针,70s   (d) 栅极弹簧,70s

图 4.21 栅极顶针和栅极弹簧表面温度分布(单位：℃)

可以看出，栅极弹簧的温度变化过程比栅极顶针温度变化过程更缓慢，栅极弹簧与栅极顶针之间主要通过针头进行传热，弹簧顶端的温度波动最大。当 $t=73s$ 时，栅极顶针已处于冷却阶段，针头温度低于针管温度，但栅极弹簧仍处于加热阶段。弹簧顶端温度最高，整体温度差达到 8.4℃。在 $t=70s$ 时，栅极弹簧顶端温度最低，整体温度差为 5.6℃。在 $t=73s$ 和 $t=75s$ 时，栅极弹簧平均 von Mises 应力分别达到周期最大值和最小值，此时栅极弹簧的 von Mises 应力分布如图 4.22 所示。

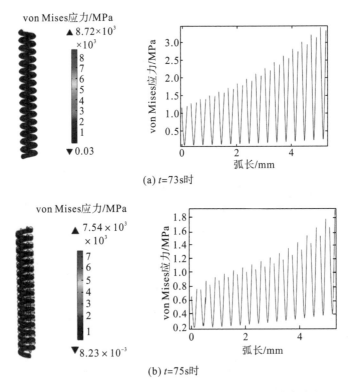

(a) $t=73s$ 时

(b) $t=75s$ 时

图 4.22 功率循环条件下栅极弹簧表面 von Mises 应力分布

仿真结果表明, 栅极弹簧所受 von Mises 应力分布不均匀, 由顶端向底端递增, 弹簧底端表面的应力值约为顶端表面的 2～4 倍, 且弹簧表面所受应力值远大于弹簧内部所受应力值。此外, 弹簧两侧 von Mises 应力分布也存在差异, 两者相差 1.5～2 倍。弹簧应力的最大值点位于弹簧底端与针管的接触面上, 其值远大于弹簧 304 不锈钢材料的屈服应力 205MPa, 因此这里将最先进入塑性变形阶段, 并在功率循环作用下出现周期性疲劳累积, 表面容易出现裂纹。除这部分区域, 弹簧其他区域应力值远小于材料的屈服应力, 初始阶段弹簧不会出现塑性应变, 但在高温和循环热应力的作用下其蠕变速率加快, 随着时间的累加也将进入塑性变形阶段, 并表现出应力松弛现象。

综上所述, 在功率循环过程中, 栅极弹簧整体温度分布不均匀, 弹簧顶端温度波动更大; 对弹簧整体的 von Mises 应力分析表明弹簧底端应力值更大, 因此这里将最先出现应力松弛现象, 更易发生疲劳断裂。

4.3.4　栅极弹簧失效仿真

1. 栅极电阻增大对 IGBT 器件影响分析

栅极弹簧应力松弛导致栅极接触压力减小, 以及栅极表面磨损都会造成栅极接触电阻增加, 栅极电阻增大。栅极电阻是 IGBT 器件开关特性的重要影响因素, 并且可以显著影响 IGBT 的开通过程。一般而言, 开通栅极电阻 R_{Gon} 越高, 电压梯度 dU_{CE}/dt 和电流梯度 di_C/dt 越小, IGBT 开通速度越慢, 开通损耗越大。

栅极电阻对 IGBT 器件的开关过程影响机理如下: IGBT 栅极对外表现出电容特性, 在 IGBT 开通过程中, 栅极电压 U_{GE} 由充电电荷 Q_G 和充电电容 C 决定, 即 $Q_G=C \cdot U_{GE}$, 电容值固定不变, 因此栅极电压与充电电荷呈线性关系, 充电电荷的变化率即充电电流的大小决定了开通速度。若开通栅极电阻增大, 则相同栅极驱动电压下栅极充电电流减小, 栅极电压上升速度变慢, 开通时间 t_{on} 延长, IGBT 开通过程中电压变化率 dU_{CE}/dt 和电流变化率 di_C/dt 减小。根据 IGBT 开通能量的定义, U_{CE} 和 i_C 的乘积为峰值损耗, 对损耗曲线由 10% 的 i_C 到 2% 的 U_{CE} 积分, 开通能量增大, 假定开关频率不变, 则开通损耗增大。

现阶段国产压接型 IGBT 芯片主要采用 NPT 型平面栅结构, 对于 NPT 型 IGBT, 栅极电阻 R_{Goff} 对 IGBT 的关断过程也有类似的影响, 但不及开通过程。Infineon BSM200GB120DN2 (NPT 型 IGBT) 的开关时间、开关损耗与栅极电阻的关系如图 4.23 所示, 图中 t_{off} 是关断时间, t_{on} 是开通延迟时间, t_r 是上升时间, t_f 是下降时间, E_{on} 是开通能量, E_{off} 是关断能量。

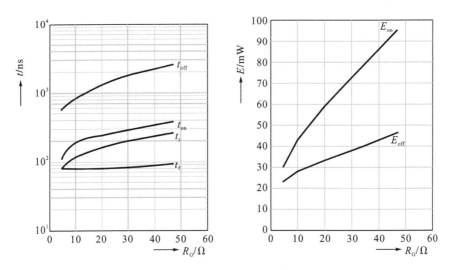

图 4.23　NPT 型 IGBT 数据手册中开关时间、开关损耗与栅极电阻的关系曲线

　　可以看出，随着栅极电阻的增加，E_{on} 和 E_{off} 会成倍增加。因此，IGBT 器件的总损耗增加，芯片结温升高，器件的导通损耗也随之增大，使得芯片结温进一步升高，栅极弹簧所受应力增大，应力松弛过程加快，栅极接触电阻进一步增加，达到一个正反馈过程。对于 IGBT 器件整体，这一方面会使器件性能下降，加快器件老化过程；另一方面如果模块散热效果不好，容易出现芯片过热失效。

　　以 3300V/50A 压接型 IGBT 单芯片模块为例，其栅极弹簧力载荷为 0.98N，如果不考虑顶针针头表面镀层，则栅极顶针与芯片栅极属于铝-铜接触。由式 (4.6) 接触电阻计算公式可以计算得出在接触面光洁的理想条件下，栅极接触电阻理论值仅为 0.08055Ω，这是接触电阻的初始值。随着压接型 IGBT 器件功率循环次数的累加，发生在芯片栅极表面的微动磨损将在栅极接触表面形成局部碎屑膜。这时的接触电阻表示为式 (4.7) 所示的收缩电阻和薄膜电阻之和。

$$R_{contact} = \frac{\rho_1 + \rho_2}{4}\sqrt{\frac{\pi H}{F}} \tag{4.6}$$

$$R'_{contact} = \frac{\rho_1 + \rho_2}{4}\sqrt{\frac{\pi H}{F}} + \sigma_f\,\frac{H}{F} \tag{4.7}$$

其中，σ_f 为薄膜面电阻率，Ω/m^2；通常薄膜材料的电阻率远大于金属的电阻率。

　　综上所述，虽然初始时刻栅极接触电阻较小，且对栅极电阻的影响很小。但随着接触表面恶化、栅极弹簧应力松弛过程的进行，接触电阻逐渐增大，栅极接触电阻对栅极电阻的影响也将变大。接触电阻的增大过程将进一步结合微动磨损在后面进行说明。

2. 单芯片压接型 IGBT 芯片栅极区磨损失效过程分析

在 IGBT 器件工作过程中，栅极弹簧会受到交变热应力的作用，使栅极顶针针头与芯片之间产生小幅往复切向滑动，在芯片栅极表面造成微动磨损。由图 4.19 中的仿真模型提取芯片栅极接触面的切向位移曲线如图 4.24 所示。

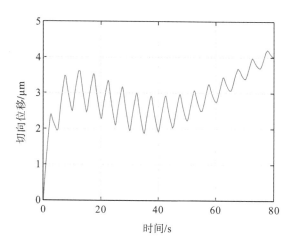

图 4.24　功率循环条件下栅极顶针与芯片栅极接触面切向位移

可以看出，在功率循环条件下，栅极顶针与芯片栅极接触面的平均切向位移呈周期性变化，初始时刻每个周期内位移波动较大，约为 1.13μm，之后周期位移波动减小至 0.62μm，但平均位移量增大，在第 17 个功率循环周期内平均位移最大，已达到 4.2μm。

由于栅极表面铝层硬度比顶针针头镀层更软，接触面的微动会在栅极表面产生擦痕，同时生成磨损碎屑，使接触面粗糙度增大。如果接触面暴露在空气中，擦痕处会生成氧化铝层，使接触电阻迅速增大。由于压接型 IGBT 器件内部通常充有惰性气体且密闭性较好，栅极接触表面不会形成氧化绝缘层，但磨损累积形成的碎屑层同样会使栅极接触电阻增大。

已有研究表明，接触表面发生的微动磨损对接触电阻的影响很大。随着微动周期的增加，微动磨损产生的碎屑和氧化物会在接触表面形成局部厚绝缘层，接触电阻最终可以增大到原来的 $10^2 \sim 10^3$ 倍。图 4.25 为铝-铜接触电阻随微动周期的变化规律，实验结果表明，虽然初始时刻接触电阻仅约为 1.2Ω，并迅速减小到 0.06Ω，但随着微动周期的增加，接触电阻可以达到 100Ω 以上，对于栅极接触电阻，这足以改变 IGBT 芯片的开关特性。

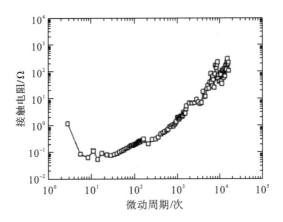

图 4.25　铝-铜接触电阻随微动周期的变化关系曲线

4.4　多芯片压接型 IGBT 器件失效仿真分析

4.4.1　微动磨损仿真分析

本节基于 3.3 节所建的三种结构 3300V/1500A 多芯片压接型 IGBT 器件多物理场耦合模型,结合 4.1 节压接型 IGBT 器件微动磨损失效模拟方法,分析 3300V/1500A 多芯片压接型 IGBT 器件在夹具压力 1200N、导通电流 1500A、环境温度 30℃且模块采用双面水冷散热条件下,器件内 IGBT 芯片的微动磨损失效寿命分布,如图 4.26 所示。

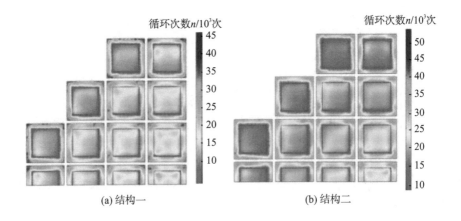

(a) 结构一　　　　　　　　　　　　　　　(b) 结构二

循环次数$n/10^3$次

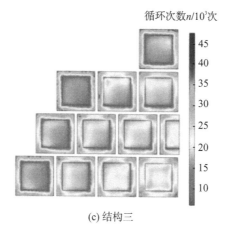

(c) 结构三

图 4.26　3300V/1500A 多芯片压接型 IGBT 器件微动磨损寿命分布

如图 4.26 所示，三种结构布局的仿真结果均表明 IGBT 芯片表面发射极侧与下钼层相接触的边缘部分微动磨损寿命较低，在多芯片压接型 IGBT 器件内位于边缘位置的 IGBT 芯片微动磨损寿命均远远低于中心位置 IGBT 芯片的微动磨损寿命，因此在多芯片压接型 IGBT 器件中，IGBT 芯片是微动磨损失效薄弱区域。对比三种压接型 IGBT 器件微动磨损寿命分布，可以得出 IGBT 芯片微动磨损循环次数最高值在结构二中，采用结构二内二极管外 IGBT 芯片分布能优化多芯片压接型 IGBT 器件微动磨损寿命。

4.4.2　短路失效仿真分析

多芯片压接型 IGBT 器件的失效模式主要为短路失效，分析其短路失效过程中各项特征参数的变化，有助于了解多芯片压接型 IGBT 器件短路失效过程与失效判断标准。如图 4.27 所示，设置 3 号 IGBT 出现类似单芯片压接型 IGBT 器件的短路失效路径进行短路失效过程分析。

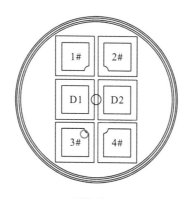

图 4.27　3300V/200A 压接型 IGBT 器件短路失效设置

短路失效过程如图 4.28 所示,3300V/200A 压接型 IGBT 器件的整体短路失效过程与单芯片压接型 IGBT 器件短路失效过程类似。其导通压降、平均温度、热阻、电阻都降低。其中热阻在短路失效过程中先上升再急速下降,其余各参数随着短路失效的进行逐渐减小。

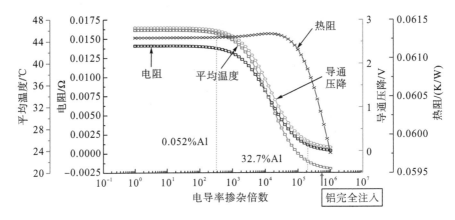

图 4.28　3300V/200A 压接型 IGBT 器件短路失效过程

分析短路失效过程中各个 IGBT 的电流、电阻、结温、热阻的变化过程,如图 4.29 所示。在短路失效过程中发生失效部位的电流逐渐增加,其余 IGBT 的电流逐渐下降,失效部位电阻最终几乎下降为零,其余部位电阻发生微小变化,该变化可能由温度降低引起;失效部位的 IGBT 温度先升高再降低,其余 IGBT 温度逐渐降低最终趋于室温;而失效部位 IGBT 的热阻温度先升高再降低,1 号、2 号 IGBT 热阻几乎没有发生变化,4 号 IGBT 因为靠近失效部位的 IGBT,受到热辐射的影响,热阻计算出现较大误差。

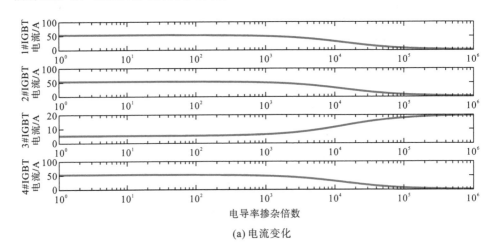

(a) 电流变化

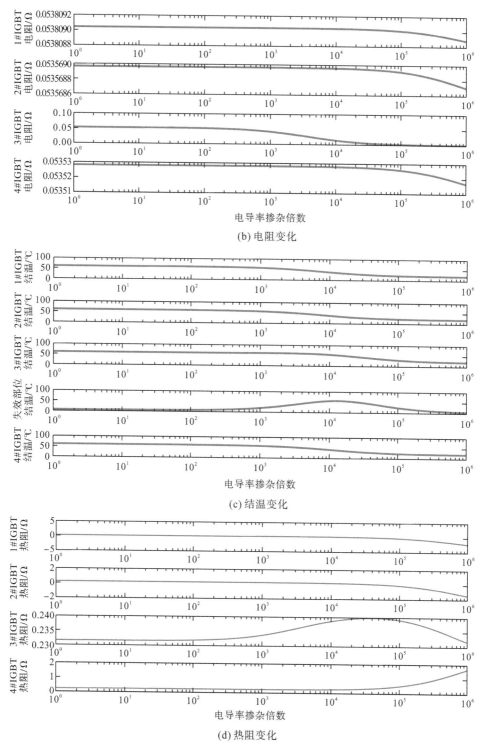

图 4.29 3300V/200A 压接型 IGBT 短路失效各芯片性能变化过程

由此可知，多芯片压接型 IGBT 器件在短路失效过程中各 IGBT 性能均发生变化，电流向失效部位转移，失效部位结温先升高再降低，其余部位性能逐渐降低，最终不再工作，器件整体处于短路状态。多芯片压接型 IGBT 器件的特征参数均降低，其中热阻先升高再降低。

4.5 本 章 小 结

本章通过在 COMSOL 有限元仿真软件中建立 3300V/1500A 压接型 IGBT/FRD 的多芯片封装模型，对 IGBT 器件分别进行建模分析，获取了多芯片压接型 IGBT 模块内部多物理场参数的分布规律，通过对单芯片压接型 IGBT 器件功率循环进行模拟，分析了器件在微动磨损老化失效下的薄弱区域，主要结论如下：

(1) 随着导通电流和环境温度的升高，器件的结温和导通压降增加，而随着外加压力的增大，器件结温和导通压降反而减小。

(2) 对于多芯片并联模块，并联芯片间压力分布不均匀和芯片间的热耦合作用，导致其温度分布不均匀，中心温度高于边缘温度。这种温度分布差异进一步通过电阻率温度系数造成芯片间电流分布差异，即位于模块中心位置的芯片稳态导通电流小于模块边缘位置芯片稳态导通电流。

(3) 芯片表面 von Mises 应力和压力的最大值出现在 IGBT 芯片与下钼片接触面边角，在多芯片模块中，虽然中心位置的芯片温度较高，但边缘位置的芯片承受的平均压力更大，纵向位移更大。

(4) 通过对压接型 IGBT 器件微动磨损进行功率循环仿真模拟，验证了压接型 IGBT 器件内部各层材料微动磨损主要出现在 IGBT 芯片和发射极钼层相接触的表面，其薄弱环节在 IGBT 芯片与发射极钼层相接触的边缘部位。

(5) 建立功率循环老化加速实验平台，对微动磨损失效进行验证。结合功率循环实验结果和微动磨损老化寿命，拟合出压接型 IGBT 器件微动磨损失效可靠性模型，在 110℃ 以上的结温波动下，拟合结果与实验结果相对误差小于 10%。

第5章 压接型 IGBT 器件及组件封装可靠性计算

5.1 单芯片压接型 IGBT 器件微动磨损可靠性

5.1.1 可靠性模型

压接型 IGBT 器件在高压大功率电力电子装备中的广泛应用，必将对压接型 IGBT 器件的可靠性提出很高的要求，而压接型 IGBT 器件内部结构复杂，内部各层封装材料的性能、尺寸等因素都会影响压接型 IGBT 器件的可靠性，从而影响柔性直流换流阀等电力电子装备的使用寿命。为此，掌握压接型 IGBT 器件内部的薄弱环节，分析封装材料对可靠性的影响作用，对准确评估器件的可靠性是十分有意义的。

压接型 IGBT 器件内部主要由铜层、钼层、硅芯片、银片等多种材料全直接压接构成，不同封装材料间的热膨胀系数不匹配将产生不同的热-机械应力，这样必然会由于发热而引起材料的恶化升级，最后导致压接型 IGBT 器件疲劳失效。

因此，采用有限元仿真分析方法，搭建单芯片压接型 IGBT 器件多物理场仿真模型，从材料力学的角度出发，基于长期循环载荷作用下材料的疲劳属性和应力模型，分析功率循环下每层材料承受的最大 von Mises 应力、疲劳强度等疲劳属性参数，进一步考虑材料老化后结温上升对 IGBT 器件可靠性的影响，最终得到材料在长期循环载荷作用下疲劳失效的循环次数为

$$N_{\mathrm{f}} = k \left(\frac{\sigma_{\mathrm{f}}}{\sigma_{\mathrm{c}}} \right)^{1/m} \tag{5.1}$$

其中，N_{f} 为 IGBT 器件内部材料在长期循环载荷作用下疲劳失效的循环次数；k 为材料老化后对 IGBT 器件可靠性的影响系数；σ_{f} 为材料的疲劳强度，这里为材料承受的最大 von Mises 应力；σ_{c} 为材料的拉伸强度；m 为模型参数，通常由材料的循环载荷实验拟合数据得到经验值。考虑硅芯片表面镀铝的情况，得到压接型 IGBT 器件各封装材料的疲劳属性参数如表 5.1 所示。

表 5.1 压接型 IGBT 器件各封装材料疲劳属性参数

材料	k	σ_{c}/MPa	m
集电极铜	29.9520	514	-0.07
集电极钼	5.0724	1150	-0.09
硅芯片	17.4197	900	-0.057
发射极钼	166.2029	1150	-0.09
银垫片	738.4387	33700	-0.14
发射极铜	6937.7765	514	-0.07

通过计算材料的疲劳失效循环次数，可以计算材料 i 的故障率为

$$\lambda_i = \frac{1}{N_{\mathrm{f},i} \cdot T} \tag{5.2}$$

其中，λ_i 为材料的故障率；$N_{\mathrm{f},i}$ 为材料 i 疲劳失效的循环次数；T 为循环周期。

结合压接型 IGBT 器件的封装结构，任一层材料失效都将导致整个 IGBT 器件失效。因此，器件内部各层材料呈与门关系，由此可得如图 5.1 所示的单芯片压接型 IGBT 器件故障树。

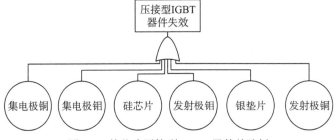

图 5.1 单芯片压接型 IGBT 器件故障树

则单芯片压接型 IGBT 器件的故障率为

$$\lambda = \sum \lambda_i \tag{5.3}$$

其中，下标 i 组成材料序号；$\sum \lambda_i$ 为所有封装材料的故障率之和。计算得到材料的故障率之后，单芯片压接型 IGBT 器件的疲劳寿命可由式(5.4)表示：

$$t = \frac{1}{\lambda} \tag{5.4}$$

其中，t 为单芯片压接型 IGBT 器件的疲劳寿命；λ 为器件的故障率。

5.1.2 可靠性计算

IGBT 器件可靠性计算方法如图 5.2 所示，主要步骤如下：首先，根据 IGBT 器件几何模型和运行工况搭建有限元仿真模型；然后，基于多物理场仿真提取每

层材料的疲劳强度和疲劳属性参数，得到材料的故障率；最后，计算整个压接型 IGBT 器件的疲劳寿命，实现对压接型 IGBT 器件的可靠性评估和薄弱环节分析。

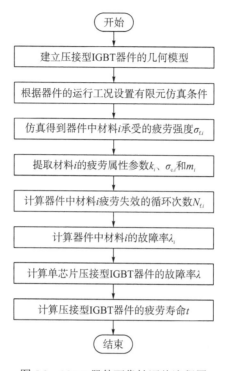

图 5.2　IGBT 器件可靠性评估流程图

　　基于多物理场耦合模型，以恒导通条件下 3300V/50A 单芯片压接型 IGBT 器件为例来分析。仿真条件设置为夹具压力 1200N、导通电流 50A、环境温度 30℃且模块采用双面水冷散热。图 5.3 为单芯片压接型 IGBT 器件在多物理场耦合作用下的仿真结果。由图 5.3(a)可知，IGBT 芯片表面电势分布不均匀，有源区边缘存在较大的电势差。图 5.3(b)为器件内部和芯片表面温度分布图，IGBT 器件最大结温为 58.95℃，位于 IGBT 芯片上，温度从中间的芯片到器件两端递减；此外，芯片发射极表面温度分布不均，中心温度远远高于边缘温度。由图 5.3(c)可知，在多物理场作用下，器件的最大 von Mises 应力为 544.57MPa；IGBT 器件内部和芯片表面的应力分布不均，应力主要集中在芯片和发射极钼层接触的轮廓线边缘，特别是在芯片发射极有源区四周边角位置，应力集中的现象尤为明显。这是由于硅芯片和钼层热膨胀系数不匹配以及存在变形约束的影响，材料接触界面尤其是几何突变处容易出现应力集中。

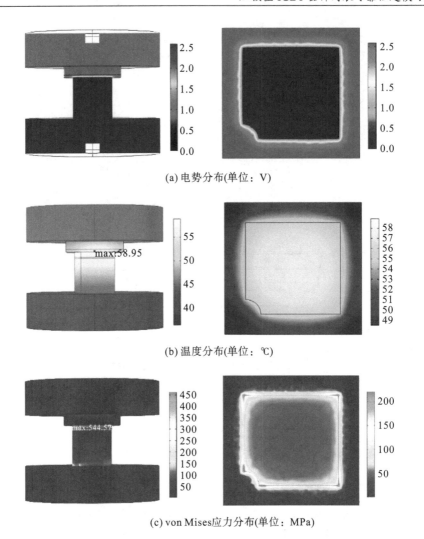

(a) 电势分布(单位：V)

(b) 温度分布(单位：℃)

(c) von Mises应力分布(单位：MPa)

图 5.3   3300V/50A 压接型 IGBT 器件在多物理场耦合作用下的仿真结果

　　进一步提取材料的疲劳强度和疲劳属性参数，最终得到单芯片 IGBT 器件内部每层材料的可靠性结果，如图 5.4 所示。在单芯片压接型 IGBT 器件中，器件封装材料承受的热-机械应力与材料的疲劳失效循环次数和故障率存在明显差异。其中硅芯片和发射极钼表面承受的 von Mises 应力最大，集电极铜表面承受的 von Mises 应力最小；银垫片由于杨氏模量大、耐变形能力强的特点，其疲劳失效的循环次数最大，不容易老化，而硅芯片的疲劳失效循环次数最小，在微动磨损失效模式下，老化作用最为显著。通过分析，单芯片压接型 IGBT 器件各层材料的可靠性由高到低依次为银垫片＞发射极铜＞集电极铜＞集电极钼＞发射极钼＞硅芯片。因此，在压接型 IGBT 器件中，银垫片最不容易失效，硅芯片最容易失效。

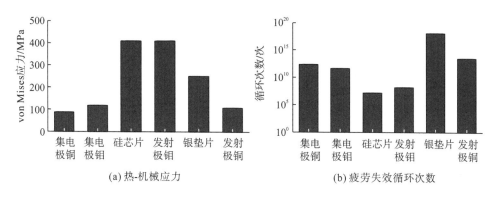

图 5.4　压接型 IGBT 器件内部每层材料可靠性分析

在功率循环中，压接型 IGBT 器件的结温从 30℃上升至 140℃大约需要 60s，从 140℃冷却到 30℃大约需要 80s，周期为 140s。在功率循环条件下，提取每层材料的最大应力，计算得到故障率如表 5.2 所示。结合单芯片压接型 IGBT 器件的封装结构，得到在夹具压力为 1200N、电流为 50A 和环境温度为 30℃工况下，器件的故障率约为 0.015263 次/年。

表 5.2　IGBT 器件各层材料故障率　　　　　　　　　　　　（单位：次/年）

材料	集电极铜	集电极钼	硅芯片	发射极钼	银垫片	发射极铜	总计
λ	9.39×10^{-8}	4.69×10^{-7}	0.013788	0.001474	1.93×10^{-13}	6.53×10^{-9}	0.015262

图 5.5 为单芯片 IGBT 器件内部每层材料的故障率，发现硅芯片故障率最高，是 IGBT 器件最薄弱的环节。因此，在上述工况下，单芯片压接型 IGBT 器件的寿命为 1/0.015263=65.517919 年。

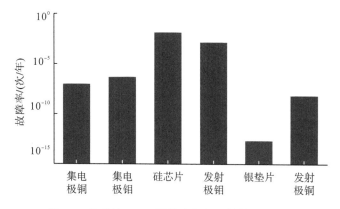

图 5.5　单芯片 IGBT 器件内部每层材料的故障率

5.2 多芯片压接型 IGBT 器件微动磨损可靠性

在实际工程应用中，由于单个 IGBT 芯片的电流等级有限，常采用芯片并联的方法，将若干 IGBT 和二极管芯片并联连接在一起封装成大功率器件，来满足柔性直流输电对大电流的需求。相比单芯片 IGBT 器件，多芯片 IGBT 器件的电流等级更高，内部芯片数量更多，这均对多芯片压接型 IGBT 器件的可靠性提出更加严峻的挑战。为此，本节基于单芯片压接型 IGBT 器件的微动磨损可靠性计算方法，对多芯片压接型 IGBT 器件的微动磨损可靠性进行计算。

5.2.1 封装结构

以 3300V/1500A 多芯片压接型 IGBT 器件为例，其内部芯片布局主要有两种方案，分别是结构一与结构二，分别如图 5.6(a) 和 (b) 所示。其陶瓷管壳内部包含多个并联的 IGBT/二极管芯片，每个芯片都安装在可单独测试的子单元模组中，共包含 30 个 IGBT 子单元和 14 个二极管子单元；而二极管与 IGBT 芯片封装结构类似，仅导通电流方向与 IGBT 相反。

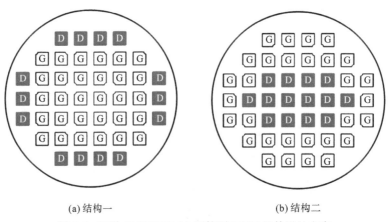

(a) 结构一   (b) 结构二

图 5.6 两种 3300V/1500A 压接型 IGBT 器件设计方案

5.2.2 可靠性模型及计算

由于 3300V/1500A 压接型 IGBT 器件包含 30 个 IGBT 芯片和 14 个二极管芯片，为便于分析，不考虑二极管的可靠性，对两种结构器件内部芯片编号分别如图 5.7 所示。这些芯片电路相互并联，呈可靠性与门关系，任意一个单芯片失效，将导致整个多芯片器件失效，由此可得多芯片压接型 IGBT 器件的故障树如图 5.8 所示。

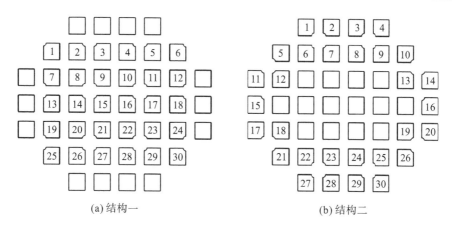

(a) 结构一　　　　　　　　　　　　　(b) 结构二

图 5.7　3300V/1500A 压接型 IGBT 器件编号

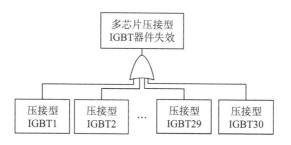

图 5.8　多芯片压接型 IGBT 器件故障树

多芯片压接型 IGBT 器件的故障率为

$$\lambda_{1500A} = \sum_{i=1}^{30} \lambda_i \tag{5.5}$$

其中，下标 i 为单芯片 IGBT 编号；λ_{1500A} 为 3300V/1500A 多芯片压接型 IGBT 器件的故障率；λ 为每个压接型 IGBT 单芯片的故障率，可由式 (5.2) 和式 (5.3) 计算得到。则多芯片压接型 IGBT 器件的疲劳寿命为

$$t_{1500A} = \frac{1}{\lambda_{1500A}} \tag{5.6}$$

其中，t_{1500A} 为 3300V/1500A 多芯片压接型 IGBT 器件的疲劳寿命；λ_{1500A} 为该器件的故障率。

基于多芯片压接型 IGBT 器件的多物理场耦合模型，分析 3300V/1500A 多芯片压接型 IGBT 器件内部应力分布特性，仿真条件设置为夹具压力 1200N，导通电流 1500A，环境温度 30℃，模块采用双面水冷散热。

图 5.9 为两种多芯片压接型 IGBT 器件在多物理场耦合作用下 IGBT 恒导通工作的仿真结果。由图 5.9(a) 可知，两种结构的多芯片器件内部，IGBT 芯片电流密度分布不均匀，有源区边角存在较大的电流应力。图 5.9(b) 为芯片表面温度分布

图,可以看到器件内部和单个芯片表面温度依旧分布不均,在内 IGBT 外二极管布局结构时,位于中间的 IGBT 芯片温度高于边缘位置的芯片温度。由图 5.9(c)可知,在多物理场作用下,两种结构的 IGBT 器件内部芯片表面的应力分布不均,由于 IGBT 导通产生功率损耗进而导致结温上升,内部材料遇热膨胀最终使器件应力主要集中在 IGBT 芯片处,且芯片发射极有源区四周边角位置应力集中的现象特别明显,而二极管芯片没有工作,其应力明显更小。

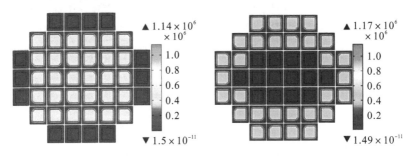

(a) 芯片内部电流密度分布(单位:A/m²)

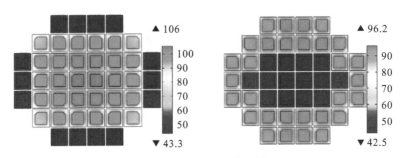

(b) 芯片表面温度分布(单位:℃)

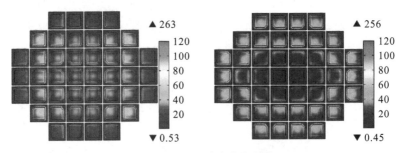

(c) 芯片表面von Mises应力分布(单位:MPa)

图 5.9 两种 3300V/1500A 压接型 IGBT 器件仿真结果(左为结构一,右为结构二)

分别提取多芯片压接型 IGBT 器件在不同芯片布局结构下内部每个芯片封装材料承受的热-机械应力等疲劳属性参数,忽略 IGBT 和二极管工作时芯片相互之间的耦合作用,基于单芯片压接型 IGBT 器件的故障率模型,评估多芯片压接型

IGBT 器件内部每个芯片的可靠性，结果如图 5.10 所示。发现对于两种布局结构，多芯片压接型 IGBT 器件中每个 IGBT 芯片承受的热-机械应力均不相同，导致 30 个芯片间疲劳失效循环次数存在差异。相比于结构二，结构一内部芯片承受的应力普遍更低，平均失效循环次数相对更高，但是芯片间应力分布更不均匀，可靠性差异更为明显。

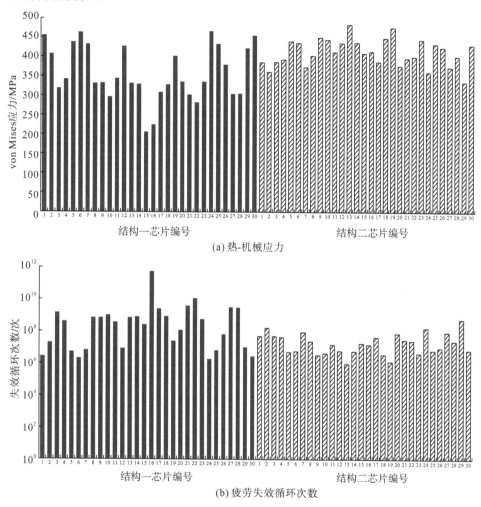

(a) 热-机械应力

(b) 疲劳失效循环次数

图 5.10　多芯片压接型 IGBT 器件内部各芯片可靠性分析

取整个多芯片压接型 IGBT 器件功率循环周期 $T=140\mathrm{s}$ 计算器件的故障率如表 5.3 所示。根据表中数据，结合式 (5.1) 和式 (5.2)，得到在夹具压力 1200N、电流 1500A 和环境温度 30℃工况下，前后两种结构的 3300V/1500A 压接型 IGBT 器件故障率分别为 0.9434639 次/年、1.0435016 次/年，运行寿命分别为 1/0.9434639 =1.0599240 年、1/1.0435016=0.9583119 年，结构一的可靠性更高。两种结构下，每个芯片的故障率如图 5.11 所示，发现多芯片压接型 IGBT 器件中，结构一的故障率差异较大，而结构二的故障率差异相对较小。

表 5.3　多芯片压接型 IGBT 器件故障率

器件结构	编号	故障率/(次/年)	编号	故障率/(次/年)	编号	故障率/(次/年)	编号	故障率/(次/年)
结构一	1	0.1284659	9	0.0003322	17	0.0000911	25	0.0355585
	2	0.0414043	10	0.0002247	18	0.0002642	26	0.0035983
	3	0.0015048	11	0.0006342	19	0.0094060	27	0.0000727
	4	0.0008623	12	0.0274681	20	0.0019625	28	0.0000751
	5	0.1028505	13	0.0003294	21	0.0000618	29	0.0224501
	6	0.3464488	14	0.0002889	22	0.0000200	30	0.0833881
	7	0.0063662	15	0.0008723	23	0.0003990		
	8	0.0010211	16	0.0000004	24	0.1270424		
结构二	1	0.0046325	9	0.0689034	17	0.0052419	25	0.0360521
	2	0.0014466	10	0.0543414	18	0.0646403	26	0.0247622
	3	0.0048246	11	0.0155193	19	0.1821690	27	0.0026530
	4	0.0065716	12	0.0395621	20	0.0031944	28	0.0097295
	5	0.0462310	13	0.2419574	21	0.0079711	29	0.0004057
	6	0.0398986	14	0.0406356	22	0.0091710	30	0.0334944
	7	0.0026412	15	0.0130089	23	0.0563016		
	8	0.0098644	16	0.0162106	24	0.0014662		

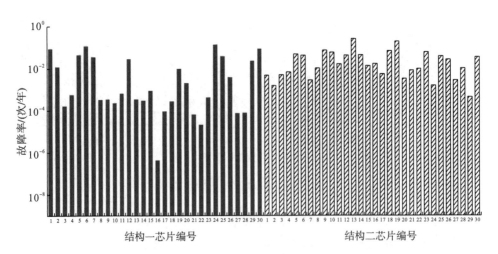

图 5.11　多芯片压接型 IGBT 器件内部各芯片的故障率

将两种结构的多芯片压接型 IGBT 器件与同种工况下的单芯片器件的可靠

性对比如图 5.12 所示，可以发现多芯片内部电流不均导致应力分布差异明显，两种结构的多芯片内部单个芯片故障率差异较大，且多芯片器件内部部分芯片的故障率大于单芯片 IGBT 器件的故障率，这是因为多芯片间存在热耦合的影响，器件内材料承受的热-机械应力更大，可靠性低于单芯片 IGBT 器件。

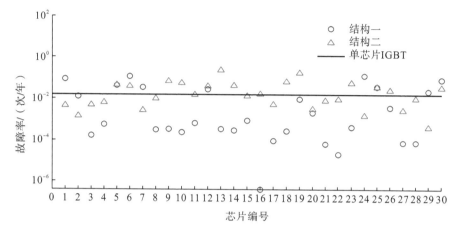

图 5.12　单芯片与多芯片器件可靠性对比

5.3　压接型 IGBT 器件串联组件的可靠性

因单个 IGBT 器件的耐压水平及通流能力有限，难以满足实际工程中高压大容量电力电子装备的需求，为了提高电力装备耐压等级，往往需要将大量 IGBT 器件串联，而器件的动态均压性能则是串联应用的关键。当多个器件串联使用时，由于制造工艺造成的寄生参数不一致或封装、外围电路离散参数差异会导致器件在开通稳态、关断稳态、导通稳态和导通瞬态等阶段的电压、电流一致性出现差异。串联 IGBT 器件的动态不一致将导致各器件电、热应力不同；严重情况下会使器件承受超出安全工作区域的应力而导致损坏，影响电力电子装置甚至整个输电装备系统的可靠性。因此，研究压接型 IGBT 器件串联组件的可靠性对系统的安全至关重要。

5.3.1　串联组件动态电压不均衡机理

压接型 IGBT 器件动态过程分为开通瞬态和关断瞬态，引起串联组件出现电压不均现象的原因主要分为两类，分别为器件自身参数和外围电路参数，其中器件自身参数主要包括极间寄生电容、拖尾电流、栅极内阻和杂散电感等；外围电路参数主要包括栅极驱动电阻、驱动回路寄生电感、驱动信号延迟和吸收电路等。

若由上述因素引起串联 IGBT 组件电压不均衡度较大，会导致 IGBT 器件在开关瞬间存在严重过电压，器件被击穿；若组件电压不均衡度较小，则会引起串联器件间开关损耗出现差异，进而器件可靠性出现较大差异。为了研究开关瞬态电压不均衡机理，需要掌握压接型 IGBT 器件开关过程，器件的等效电路及关断动态特性曲线如图 5.13 所示。

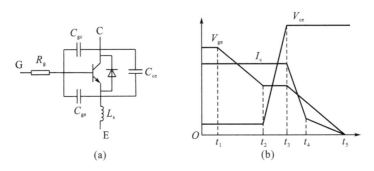

图 5.13　IGBT 等效电路及关断动态特性曲线

　　IGBT 等效电路主要包括栅射极间电容 C_{ge}、栅集极间电容 C_{gc}、集射极间电容 C_{ce}、栅极内阻 R_g 和杂散电感 L_s。以关断过程为例，主要分为四个阶段。

　　第一阶段($0{\sim}t_1$)：可等效为由输入电容和总门极等效电阻构成的 RC 放电回路放电过程，影响关断过程第一阶段延时的因素有门极电阻、输入电容、极间跨导、门极电压阈值和集电极电流，其中门极电阻和输入电容占主导因素。

　　第二阶段($t_1{\sim}t_2$)：栅极电压维持在平台电压，因此栅极电流全部流入米勒电容并对其充电，导通压降因此上升，在此过程中器件两端电压变化率与栅极充电电流 I_g 或增大米勒电容 C_{gc} 相关。

　　第三阶段($t_2{\sim}t_3$)：IGBT 器件两端电压已经上升到直流侧电压并保持稳定，到 t_3 时刻集电极电流开始下降。

　　第四阶段($t_3{\sim}t_5$)：串联 IGBT 器件关断过程中，拖尾电流持续时间短的器件将最先关断并承受过电压，同时其余器件的拖尾电流继续流过最早关断器件的集射极电容并为其充电，导致串联 IGBT 各器件的电压分配不均衡。

　　根据上述分析，在串联 IGBT 器件中，关断延迟时间短的 IGBT 器件具有较大的电压上升率($\mathrm{d}u/\mathrm{d}t$)，关断延迟时间长的 IGBT 器件则具有小的电压上升率。此外，器件本身存在寄生电容，故先关断的器件储能较多，最后关断的器件储能较少，因此导致先关断的 IGBT 器件承受的电压较大，后关断的 IGBT 器件承受的电压较小，串联 IGBT 组件关断瞬态电压分布如图 5.14 所示。

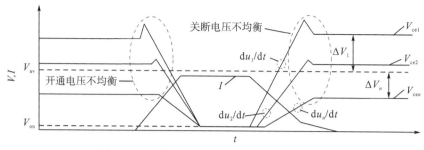

图 5.14　串联 IGBT 组件关断瞬态电压分布图

图 5.14 中，V_{av} 为串联组件在理想均压效果下每个器件承受的平均电压值，即

$$V_{av} = \frac{V_d}{n} \tag{5.7}$$

其中，V_d 为串联 IGBT 组件两端直流母线电压数值；n 为串联组件个数。

定义串联组件均压系数 D 为

$$D = \frac{\max(\Delta V_1, \Delta V_2, \cdots, \Delta V_n)}{V_{av}} \tag{5.8}$$

$$\Delta V = |V_{ce} - V_{av}| \tag{5.9}$$

其中，ΔV 为每个器件彻底关断之后承受的电压与理想平均电压之差；V_{ce} 为 IGBT 导通压降。

5.3.2　串联组件等效建模及动态均压程度模拟

为了简化分析过程，利用 Saber 仿真软件研究 3300V/1500A IGBT 动态均压程度对串联 IGBT 组件可靠性的影响。通过设置驱动触发脉冲不同步(串联 IGBT 器件脉冲触发时间不同步)调整均压系数，建立延迟时间与动态均压系数的关系；在 Saber 中建立的电路仿真模型如图 5.15 所示。仿真设置工况如下：直流母线电压为 3000V、负载电阻为 10Ω、驱动电压为-8～15V。将串联 IGBT 器件分为三部分，即源端部分串联器件(T_1)、中间部分串联器件(T_2)、负载侧部分串联器件(T_3)，设置 T_2 与 T_1 脉冲触发延迟时间(t_d=1ms)、T_3 与 T_2 脉冲触发延迟时间相同。

为了分析电压不均衡对串联 IGBT 器件的影响，首先需要获得串联 IGBT 器件脉冲触发延迟时间与动态均压系数之间的关系，然后提取不同动态均压系数下串联 IGBT 器件的开关损耗及导通损耗，计算周期平均损耗。仿真中，设置串联器件开关频率 250Hz(周期 4ms)、IGBT 开通时间(1.23μs)、关断时间(3.3μs)与实际 IGBT 开关动作时间一致。仿真分析不同动态均压系数对串联 IGBT 器件损耗以及不同延时对串联器件均压的影响，从而为分析串联器件的结温提取奠定基础。改变脉冲触发延迟时间，得出不同脉冲触发延迟时间下串联 IGBT 组件的开关瞬态电压分布曲线如图 5.16 和图 5.17 所示。

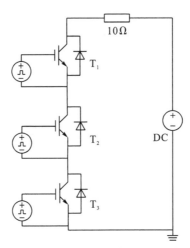

图 5.15 串联 IGBT 器件等效电路仿真模型

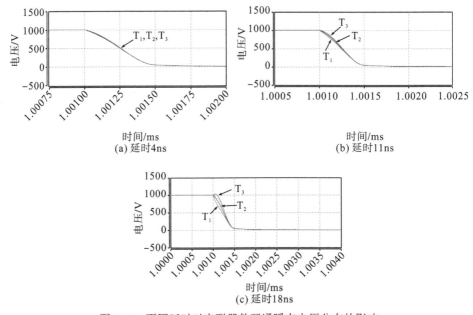

图 5.16 不同延时对串联器件开通瞬态电压分布的影响

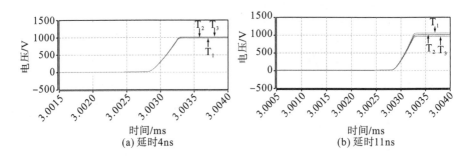

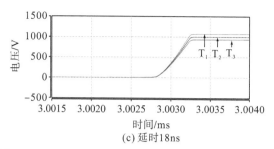

图 5.17　不同延时对串联器件关断瞬态电压分布的影响

可以发现，随着驱动脉冲延迟时间逐渐增大，串联 IGBT 器件关断之后各器件承受的稳态电压差异变大。提取不同脉冲触发延迟时间下串联 IGBT 各器件承受的关断电压计算出串联器件的均压系数，得出脉冲触发延迟时间与串联器件均压系数之间的关系如图 5.18 所示。

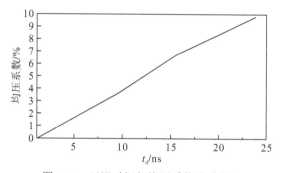

图 5.18　延迟时间与均压系数关系曲线

从图 5.18 可以看出，串联器件的均压系数与脉冲触发延迟时间呈正相关关系，当脉冲触发延迟时间逐渐增大后，串联 IGBT 组件的均压系数也随之增大。均压系数增大后，T_3 开通瞬态承受电压增大，T_1 关断瞬态承受电压增大；且当均压系数达到 9% 以上，即器件开通延时时间在 18ns 以上时，T_3 会承受较大的瞬态过电压，若串联器件端电压较大，则过大的均压系数会使延迟导通的器件承受较高的过电压，器件有被短时尖峰电压击穿的风险。为此，在实际中要充分考虑可能引起串联 IGBT 器件电压不均的因素，控制生产精度要求和外围驱动电路设计精度，以免串联 IGBT 器件在实际应用中出现较为恶劣的情况，导致器件被击穿。

5.3.3　串联组件可靠性计算

若均压系数过大，则串联的 IGBT 除了可能面临短时被击穿的风险，器件的长期可靠性也会受到影响。为了分析动态电压不均衡程度对串联 IGBT 组件可靠性的影响，首先采用驱动触发脉冲不同步的方法来模拟串联 IGBT 组件出现动态电压不均衡，然后根据对应的均压系数计算串联 IGBT 组件各器件的开关损耗及导通损耗，并在此基础上通过 IGBT 寿命分析理论获取不同均压系数下串联 IGBT 各器件的结温最值及结温波动，最后根据可靠性导则获取不同均压系数下串联 IGBT 各器件的故障率及寿命。串联 IGBT 组件可靠性计算方法流程如图 5.19 所示，具体步骤如下。

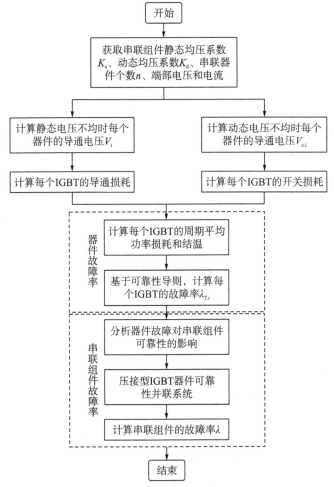

图 5.19　串联 IGBT 组件可靠性计算方法流程图

（1）获取串联器件的均压系数、器件个数、端部电压和电流，依据静态、动态电压不均时各器件的电压，得到每个器件中 IGBT 的导通、开关损耗。

（2）由 IGBT 的功率损耗，依据器件的热网络模型获取器件的结温，然后基于 FIDES Guide 2009 可靠性导则，计算 IGBT 的故障率，建立单个 IGBT 器件的故障率模型。

(3) 串联电路通常用动态均压系数 K_d 来表示串联器件电压的分配均匀程度。串联器件动态电压分配不均会使其中一个器件电压过大，最先损坏，而其余器件正常工作，电压基本均匀分配，串联器件中每个器件在开关过程中的电压为

$$V_{c.i} = \begin{cases} V'_{max}, & i=1 \\ \dfrac{V'_{total} - V'_{max}}{n-1}, & i=2,3,\cdots,n \end{cases} \tag{5.10}$$

其中，n 为串联的 IGBT 器件个数。下标 i 表示 IGBT 器件的编号，当 $i=1$ 时，器件两端电压最大，造成串联器件动态电压分配不均；当 $i=2,3,\cdots,n$ 时，器件之间动态电压均匀分配，且串联的 IGBT 器件参数相同，开关过程中的电压值相等。IGBT 的开关损耗可以表示为

$$P_{sw.T.i} = f_p(E_{on} + E_{off}) \frac{V_{c.i} I_{T.avg}}{V_{T.ref} I_{T.ref}} \tag{5.11}$$

其中，下标 i 为 IGBT 器件的编号；下标 T 表示 IGBT。P_{sw} 为开关损耗；f_p 为开关频率；E_{on} 和 E_{off} 分别为 IGBT 在某一直流电压下的开通损耗和关断损耗；$V_{c.i}$ 为器件在开关过程中的电压；I_{avg} 表示电流平均值；V_{ref} 和 I_{ref} 分别为器件在测量开通损耗、关断损耗或恢复损耗时的参考电压和参考电流。

(4) 根据所述 IGBT 器件动态不均压的串联器件故障率计算方法，IGBT 的功率损耗为

$$P_{T.i} = P_{con.T.i} + P_{sw.T.i} \tag{5.12}$$

其中，下标 i 表示 IGBT 器件的编号；下标 T 表示 IGBT；P 为功率损耗，P_{con} 为导通损耗，P_{sw} 为开关损耗，开关损耗可由导通电流和饱和压降计算得出。

(5) 所述 IGBT 的结温为

$$T_{j.T} = P_T(R_{thJC.T} + R_{thCH.T}) + T_H \tag{5.13}$$

其中，下标 T 表示 IGBT；T_j 为结温；P 为功率损耗；R_{thJC} 和 R_{thCH} 分别为内部热阻和外部热阻；T_H 为散热器的温度。

(6) 基于 FIDES Guide 2009 可靠性导则，器件 i 中 IGBT 的故障率为

$$\lambda_{T.i} = (\lambda_{0Th.T} \cdot \pi_{Th.T.i} + \lambda_{0TC.T} \cdot \pi_{TC.T.i}) \cdot \pi_{in} \cdot \pi_{Pm} \cdot \pi_{Pr} \tag{5.14}$$

其中，下标 i 表示 IGBT 器件的编号；下标 T 表示 IGBT；λ_{0Th} 和 λ_{0TC} 分别表示热应力因子和温度循环因子对应的元件基本故障率；π_{Th} 和 π_{TC} 分别为热应力因子和温度循环因子；π_{in} 为元件的过应力贡献因子；π_{Pm} 表征元件的制造质量的影响；π_{Pr} 表征元件寿命周期中的可靠性质量管理及控制水平的影响。其中 IGBT 和二极管的 λ_{0Th} 分别取 0.3021 和 0.1574，λ_{0TC} 分别取 0.03333 和 0.03333；元件的 π_{in} 取 3.3837，π_{Pm} 取 0.71，π_{Pr} 取 4。热应力因子为

$$\pi_{Th} = \alpha e^{\beta \times \left[\frac{1}{293} - \frac{1}{(T_j+273)}\right]} \tag{5.15}$$

其中，α、β 均为常数，不同元件对应的具体数值不同，其中 IGBT 的 α 取 1，β 取 8122.8；T_j 为 IGBT 的结温。温度循环因子为

$$\pi_{\mathrm{TC}} = \gamma \left(\frac{24}{N_0} \times \frac{N_{\mathrm{cy}}}{t} \right) \times \left(\frac{\min(\theta_{cyi}, 2)}{\min(\theta_0, 2)} \right)^p \times \left(\frac{\Delta T_{cyi}}{\Delta T_0} \right)^m \times \mathrm{e}^{1414 \times \left[\frac{1}{313} - \frac{1}{(T_{\max\_cyi} + 273)} \right]} \tag{5.16}$$

其中，t 表示元件的累计运行时间；N_{cy} 为元件的结温循环波动次数；N_0 为参考循环波动次数，一般取值为 2；θ_{cyi} 为元件的结温波动循环时间；θ_0 为参考循环时间，一般取值为 12；ΔT_{cyi} 为元件的结温波动幅值；$T_{\max\_cyi}$ 为元件结温波动最大值；γ、p、m 为不同元件的调整系数，其中 IGBT 的 γ 取 1，p 取 1/3，m 取 1.9。

由于器件在多种工况下工作，下面分别以不同回路电流、不同均压系数、不同开关频率等几种工况为例对串联 IGBT 器件均压程度、可靠性影响进行分析，并与不存在电压不均衡时进行对比。

1. 回路电流对串联 IGBT 组件可靠性影响分析

在实际工况中，电力装备的电流随负载变化，在串联 IGBT 组件可靠性分析中，为了研究不同回路电流对串联 IGBT 组件可靠性的影响，保持母线电压 3000V 不变，器件开关频率为 250Hz，设置脉冲触发延迟时间让串联组件均压系数为 7.2%。通过改变负载电阻以改变回路电流，提取在均压系数 7.2% 下不同回路电流对串联 IGBT 组件损耗的影响如图 5.20 所示。

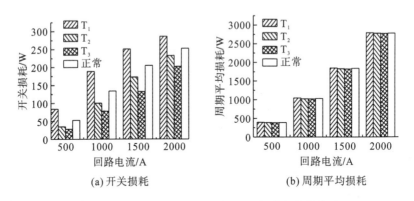

图 5.20　不同回路电流对串联 IGBT 组件损耗的影响

由图 5.20(a) 可以发现，在上述工况下，随着回路电流的增大，串联回路中 IGBT 的开关损耗逐渐增大。由图 5.20(b) 可以发现，IGBT 周期平均损耗随回路电流增大而增加，器件之间的周期平均损耗差异也稍稍增加，基于器件的热网络模型，计算出对应工况下 IGBT 结温变化情况如图 5.21 所示。

从图 5.21(a) 和 (b) 中的结温变化趋势可以发现，在器件开关频率 250Hz、母线电压为 3000V 和均压系数为 7.2% 情况下，随着回路电流增大，串联回路中

IGBT 结温最大值与结温差值均上升。依据 FIDES Guide 2009 可靠性导则，得出回路电流变化对串联 IGBT 组件的故障率影响如图 5.22 所示。

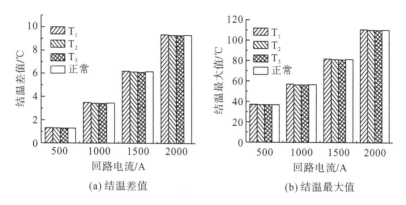

(a) 结温差值　　　　　　　　　(b) 结温最大值

图 5.21　回路电流对串联 IGBT 组件结温的影响

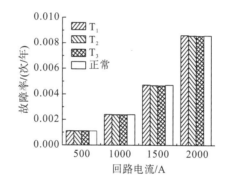

图 5.22　回路电流变化对串联 IGBT 组件故障率的影响

从图 5.22 中可以看出，随着回路电流增大，串联 IGBT 组件故障率逐渐上升，各器件之间的故障率差异也随回路电流增大而稍有增大。因此，当均压系数较大、回路电流也较大时，由开关瞬间大电流作用会引起器件之间的开关损耗差异扩大，并引起结温差异增加，最终体现在器件的故障率上。

2. 均压系数对串联 IGBT 组件可靠性影响分析

受系统参数的影响，串联组件的均压系数可能存在一定差异。为了比较不同均压系数对串联 IGBT 组件各器件开关损耗的影响，通过设置不同脉冲触发延迟时间模拟不同的均压系数，提取不同均压系数下串联 IGBT 各器件的开关损耗，并保持母线电压为 3000V、回路电流为 1500A、串联器件开关频率为 250Hz，提取不同均压系数下串联 IGBT 各组件的损耗及结温影响如图 5.23 所示。

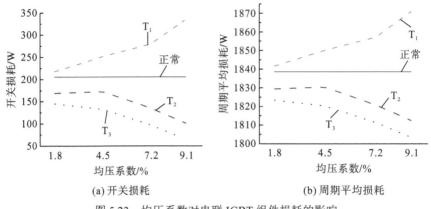

图 5.23　均压系数对串联 IGBT 组件损耗的影响

　　从图 5.23(a) 和 (b) 的变化趋势可以发现，在此种工况下，随着均压系数增大，串联 IGBT 组件中 T_1 的开关损耗与周期平均损耗逐渐增大；而 T_2、T_3 的开关损耗与周期平均损耗却逐渐降低，且三者之间的开关损耗与周期平均损耗差异也随均压系数增大而变大。对比器件正常开通时发现，随着均压系数增大，T_1 相比正常情况时的开关损耗与周期平均损耗逐渐增大；T_2、T_3 相比正常时的开关损耗与周期平均损耗逐渐减小。基于器件的热网络模型，计算对应工况下器件的结温如图 5.24 所示。

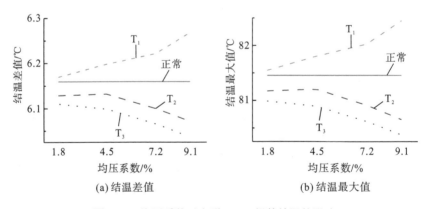

图 5.24　均压系数对串联 IGBT 组件结温的影响

　　从图 5.24(a) 和 (b) 的变化趋势可以发现，随着均压系数的增大，串联 IGBT 回路中 T_1 的结温差值及结温最大值上升，而 T_2、T_3 的结温差值与结温最大值却随均压系数增大而减小。与正常情况相比，均压系数增大会使 T_1 的结温差值及结温最大值越来越大于正常情况，而 T_2、T_3 的结温差值与结温最大值越来越小于正常情况；且均压系数变化对 T_1 结温的影响最大，而对 T_2、T_3 结温的影响小一些。计算不同均压系数下串联 IGBT 组件故障率变化曲线如图 5.25 所示。

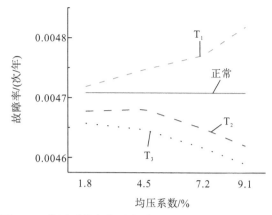

图 5.25　均压系数变化对串联 IGBT 组件故障率的影响

从图 5.25 可以发现，随着均压系数的增大，T_1 的故障率越来越大，且超过正常情况下的故障率；而 T_2、T_3 的故障率反而减小，且小于正常情况下的故障率，同时各器件之间的故障率差异越来越明显。

3. 回路电流、均压系数对 IGBT 组件可靠性复合影响分析

为了综合分析回路电流、均压系数对串联 IGBT 组件可靠性的影响，设置母线电压为 3000V、串联器件开关频率为 250Hz，提取不同均压系数、不同回路电流情况下串联 IGBT 组件的损耗并进行结温计算，分析故障率变化规律，结果如图 5.26 所示。

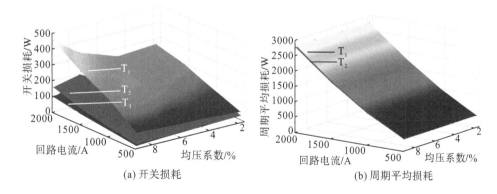

(a) 开关损耗　　　　　　　　　　　　　　　　(b) 周期平均损耗

图 5.26　回路电流、均压系数对串联 IGBT 组件损耗的影响

图 5.26(a) 为回路电流、均压系数对串联 IGBT 组件开关损耗的影响；图 5.26(b) 为回路电流、均压系数对串联 IGBT 组件周期平均损耗的影响。通过以上两图可以看出，串联器件中 IGBT 的开关损耗和周期平均损耗与回路电流、均压系数变化趋势呈正相关，当均压系数较大且回路电流也较大时，串联 IGBT 组

件的开关损耗会出现较大差异。回路电流、均压系数对 IGBT 组件结温最大值、故障率影响规律分别如图 5.27 和图 5.28 所示。

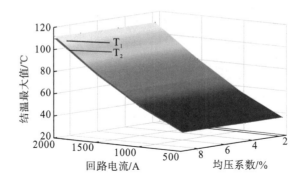

图 5.27   回路电流、均压系数对串联 IGBT 组件结温最大值的影响

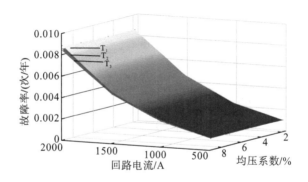

图 5.28   回路电流、均压系数对串联 IGBT 组件故障率的影响

　　从以上图中可以看出，串联回路中 IGBT 结温、串联 IGBT 组件故障率与回路电流变化趋势呈正相关，但因开关频率较小，即使在均压系数较大、回路电流也较大的情况下，串联 IGBT 组件的结温值及故障率差异也不太明显。这是由于开关频率较小时，一个开关周期内串联 IGBT 器件的通态损耗在总损耗中占据了绝大部分，开关损耗对周期平均损耗影响较小，导致串联各器件的结温差异及故障率差异不明显。

　　4. 器件开关频率对串联 IGBT 组件可靠性影响分析

　　在实际高压直流输电工程应用中，电力装备会根据输电系统的实际需求来调节 IGBT 器件的开关频率，为了分析开关频率下均压系数对串联 IGBT 组件可靠性的影响，保持母线电压为 3000V，回路电流为 1500A，均压系数为 4.5%，在不同器件开关频率下提取串联 IGBT 组件的功率损耗并计算结温和故障率，评估开关频率对串联组件可靠性的影响，结果如图 5.29 所示。

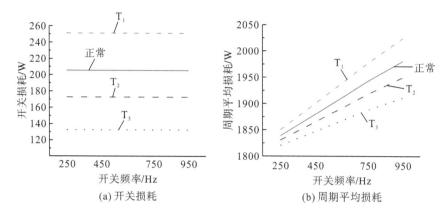

图 5.29　器件开关频率对串联 IGBT 组件损耗的影响

由图 5.29(a)可以看出，在此种情况下，IGBT 器件的开关损耗不受开关频率的影响，说明串联 IGBT 组件的开关频率不影响器件的单次开关损耗，但由图 5.29(b)可以发现，当开关频率较低时，串联 IGBT 各器件之间的周期平均损耗差异较小，随着开关频率逐渐升高，各器件之间的周期平均损耗差异明显增大。这是因为当开关频率较小时，IGBT 的开关损耗占一个工作周期内总损耗的比例较小，当开关频率增大之后，开关损耗占一个周期内总损耗的比例增加，所以开关频率增大导致串联 IGBT 器件的周期平均损耗差异逐渐增大。计算得到此种情况下串联 IGBT 组件的结温差值及结温最大值如图 5.30 所示。

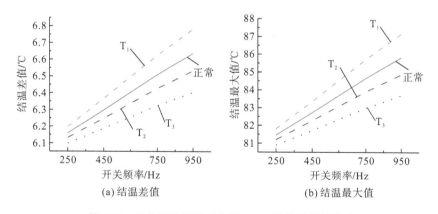

图 5.30　器件开关频率对串联 IGBT 组件结温的影响

通过图 5.30(a)和(b)的变化趋势可以发现，当串联 IGBT 组件的母线电压、回路电流、均压系数均保持不变时，随器件开关频率的增加，各器件的结温差值及结温最大值均上升。在器件开关频率较低时，各器件之间的结温差异较小，当器件开关频率升高后，器件之间的结温差异明显增大。开关频率对器件故障率的影响如图 5.31 所示。

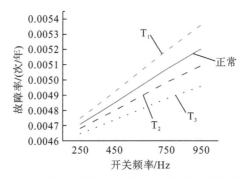

图 5.31   器件开关频率对串联 IGBT 组件故障率的影响

从图 5.31 可以发现，随着器件开关频率的增加，串联回路中 IGBT 组件的故障率逐渐增大。当开关频率较小时，串联 IGBT 器件间故障率差异较小；当开关频率较大时，串联 IGBT 器件间的故障率差异明显增大。与正常情况相比，随着器件开关频率的增大，T_1 的故障率会逐渐大于正常工况下的故障率，而 T_2、T_3 的故障率会逐渐低于正常工况下的故障率。

5. 开关频率、均压系数对 IGBT 组件可靠性复合影响分析

在实际工况中，串联 IGBT 组件的均压系数、开关频率可能发生改变。为了综合分析开关频率与均压系数对串联 IGBT 组件可靠性的影响，设定母线电压为 3000V、回路电流为 1500A，提取不同开关频率、不同均压系数下串联 IGBT 各器件的开关损耗与周期平均损耗，计算均压系数与开关频率对串联 IGBT 组件周期平均损耗的影响如图 5.32 所示。

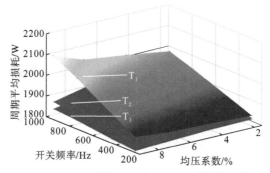

图 5.32   开关频率、均压系数对串联 IGBT 组件周期平均损耗的影响

由图 5.32 可以看出，串联器件中 IGBT 的周期平均损耗与开关频率、均压系数变化趋势呈正相关，且当均压系数、开关频率较大时，串联器件的周期平均损耗会出现较大差异，这是因为开关频率的大小决定了器件的开关损耗在一个工作周期内的比例，开关频率越大，器件开关损耗所占比例越大。根据串联组件的功率损耗计算结温，结果如图 5.33 所示。

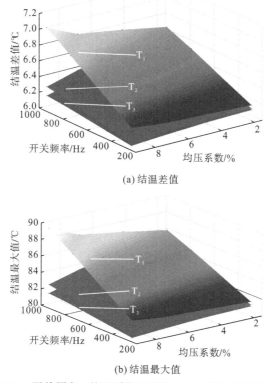

(a) 结温差值

(b) 结温最大值

图 5.33   开关频率、均压系数对串联 IGBT 组件结温的影响

从图 5.33 (a) 可以看出，串联回路中 IGBT 结温差值与器件开关频率变化趋势呈正相关；但当开关频率较小时，即使在均压系数较大的情况下，串联 IGBT 组件的结温差值及结温最大值差异都不是太明显，这是因为此时开关损耗对周期平均损耗作用较小，串联器件的结温差异不明显。计算不同开关频率、均压系数对串联器件的故障率影响规律如图 5.34 所示。

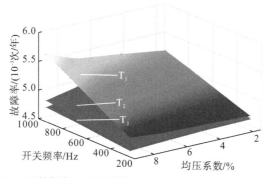

图 5.34   开关频率、均压系数对串联 IGBT 组件故障率的影响

可以看出，串联回路中 IGBT 故障率与器件开关频率趋势呈正相关，但当开关频率较小时，结温差异不明显，即使在均压系数较大的情况下串联 IGBT 组件的故障率差异也不太明显，而在开关频率较高时，均压系数对串联 IGBT 组件的故障率影响显著。

6. 均压系数、开关频率对 T_1 可靠性复合影响分析

根据之前的分析，串联 IGBT 系统均压系数的增大会导致 T_1 的损耗增大、结温及故障率上升，而 T_2、T_3 的损耗下降，结温与故障率减小，可见，串联系统均压系数的变化对 T_1 的可靠性影响最大。因此，以 T_1 的可靠性代表整个串联组件的可靠性，分析在电压不均时，均压系数与器件开关频率对整个组件可靠性的复合影响，计算结果如图 5.35 所示。

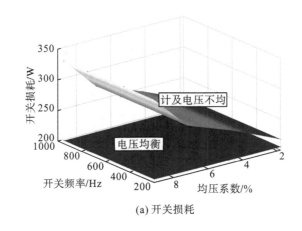

(a) 开关损耗

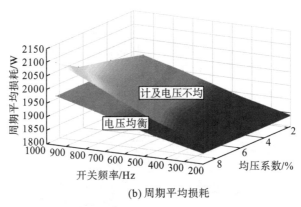

(b) 周期平均损耗

图 5.35   开关频率、均压系数对 T_1 损耗的影响

从图 5.35 可以发现，开关频率的增大并没有导致 T_1 的开关损耗增大，但开关频率的上升会导致 T_1 的周期平均损耗增大，这与之前的分析一致，而均压系数

的增大会引起 T_1 的开关损耗与周期平均损耗增大。此外，器件开关频率的增大对 T_1 的影响远大于组件均压系数增大对 T_1 周期平均损耗的影响。因此，当串联 IGBT 系统出现电压不均衡时，应该关注 IGBT 器件开关频率变化对 T_1 的影响，因为器件开关频率的增大会大大增加器件的损耗。提取在不同均压系数、开关频率下 T_1 结温的变化规律，如图 5.36 所示。

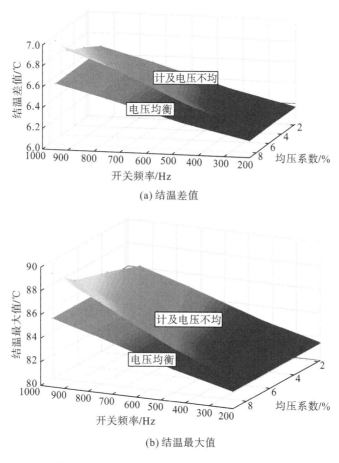

(a) 结温差值

(b) 结温最大值

图 5.36　开关频率、均压系数对 T_1 结温的影响

从图 5.36 可以发现，组件均压系数增大会导致 T_1 的结温差值出现小幅上升，结温最大值上升幅度较小，而器件开关频率的增大会大幅增加 T_1 的结温差值与结温最大值。因此，串联 IGBT 组件系统存在动态电压不均衡之后，器件开关频率增大会导致 T_1 结温上升，进一步加速器件的老化。依据 FIDES Guide 2009 可靠性导则，计算得到开关频率、均压系数对 T_1 故障率的影响如图 5.37 所示。

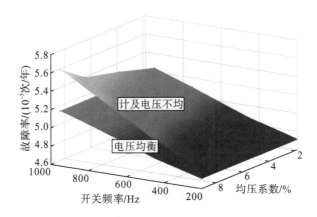

图 5.37   开关频率、均压系数对 T_1 故障率的影响

可以发现，组件均压系数上升导致 T_1 的故障率有小幅上升，但是器件开关频率增大却让 T_1 的故障率急剧增加，这与前面开关频率变化对器件故障率影响和回路电流变化对器件故障率影响的分析结果一致。故在串联 IGBT 系统已经出现电压不均之后，应重点关注器件开关频率变化带来的可靠性影响。

5.4   本 章 小 结

压接型 IGBT 器件的可靠性对电力电子装备和电力系统的可靠性至关重要，由于器件特殊的封装结构和失效机理，封装材料对器件可靠性的影响显著。本章研究了 3300V/50A 单芯片压接型 IGBT 器件的可靠性，并对电流等级更高的多芯片压接型 IGBT 器件的可靠性、电压等级更高的串联器件的可靠性进行计算，建立了器件的可靠性模型。对于单芯片器件，由于压接型 IGBT 器件在工作过程中内部材料间承受不同的热-机械应力，最终使器件微动磨损失效，因此硅芯片故障率最大，其次是发射极钼层，因为发射极钼层是压接型器件的薄弱环节；对于多芯片并联器件，器件内部芯片的可靠性水平存在明显差异，且多芯片器件内部单个芯片平均故障率大于单芯片 IGBT 器件；对于多芯片串联器件，均压系数越大各单芯片电压分布越不均，若某一器件瞬时电压过大，可能直接引起过电压击穿，若串联器件长期出现电压不均的现象，则会引起器件损耗、结温出现差异，影响器件可靠性。

第 6 章　压接型 IGBT 器件动静态特性测试

6.1　单芯片压接型 IGBT 器件动静态测试平台

在使用器件前，应对压接型 IGBT 器件的性能进行测试，以掌握器件的电学性能；此外，器件的特性对预测器件寿命、反映装备的运行状态都有显著的作用。为此，需了解压接型 IGBT 器件静态、动态参数的测试方法。

6.1.1　静态测试平台

输出特性 I_c-V_{ce} 的测试电路如图 6.1 所示。将发射极 (E) 接地，栅极 (G) 和集电极 (C) 都接上电压源，在固定的 V_{ge} 下，测试不断增长的 V_{ce} 和随之增长的 I_c，之后变换 V_{ge} 的值，重复上述过程，可以测得在不同 V_{ge} 下的输出特性曲线。

转移特性 I_c-V_{ge} 的测试电路如图 6.2 所示。电路和输出特性的测试类似，在测试过程中，要固定 V_{ce} 的值，测试不断增长的 V_{ge} 和随之增长的 I_c 的关系。

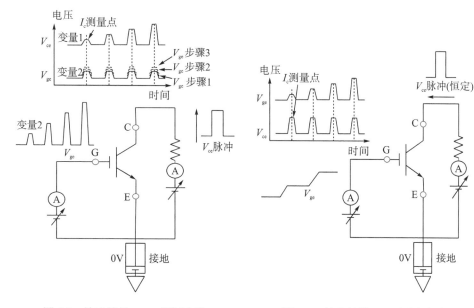

图 6.1　输出特性 I_c-V_{ce} 测试电路　　　　图 6.2　转移特性 I_c-V_{ge} 测试电路

压接型 IGBT 的寄生电容分布如图 6.3 所示。C_{ies} 为输入电容，$C_{ies}=C_{gc}+C_{ge}$，其中 C_{gc} 也称为米勒电容，测试 C_{ies} 时，要忽略 C_{ge} 的存在，即假设 C_{ge} 短路；C_{oes} 为输出电容，$C_{oes}=C_{gc}+C_{ce}$，测试 C_{oes} 时忽略 C_{gc} 的存在，即假设 C_{gc} 短路；C_{res} 为逆导电容，$C_{res}=C_{gc}$，测试 C_{res} 时发射极接地，即假设 C_{ce}、C_{ge} 被交流短路。

C_{ies}、C_{oes}、C_{res} 是在器件关断条件下测得的静态参数，通常采用的测试条件为 $V_{ge}=0V$，测试信号频率 $f=1MHz$、$V_{ce}=30V$。在测试时，规定 C_{ies}、C_{oes}、C_{res} 测试的原因在于，器件寄生电容的值与 V_{ce} 密切相关，随着 V_{ce} 的增大，器件寄生电容的值会迅速减小，影响测试准确性。C_{ies}、C_{oes}、C_{res} 的测试电路分别如图 6.4～图 6.6 所示。

如果要测量不同温度下的静态特性，可以配合恒温箱进行测试，测试平台示意图如图 6.7 所示。

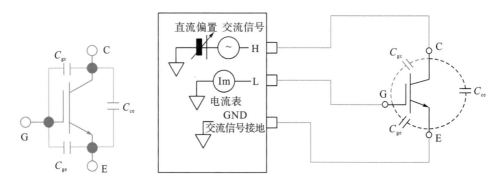

图 6.3　压接型 IGBT 的
　　　　寄生电容分布图

图 6.4　C_{ies} 的测试电路

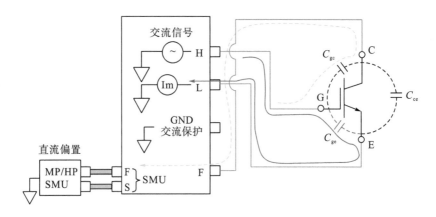

图 6.5　C_{oes} 的测试电路

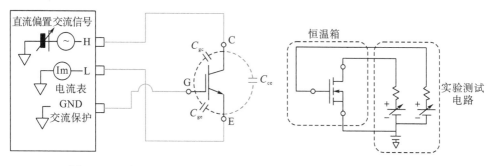

图 6.6　C_{res} 的测试电路　　　　　　　图 6.7　不同温度下静态特性测试示意图

6.1.2　动态测试平台

压接型 IGBT 器件的动态特性采用双脉冲实验测试,图 6.8 为双脉冲基本的实验原理图,图 6.9 是预期的实验波形图。在实际测试平台中,电压、电流波形通过示波器并配合霍尔线圈和高压差分探头采集,利用信号发生器给驱动电路发出导通、关断信号,通过直流电源施加母线电压,并在回路中串联大电感来减缓电流上升速率。

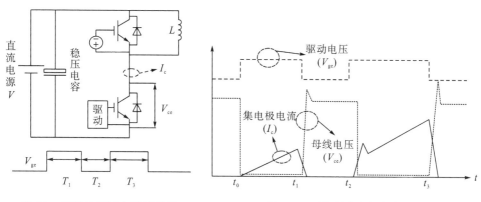

图 6.8　双脉冲测试实验原理图　　　　　图 6.9　双脉冲测试实验波形图

双脉冲方法测量压接型 IGBT 器件动态特性的过程如下。

如图 6.10 所示,由驱动电路向栅极施加第一个脉冲电压,压接型 IGBT 饱和导通。此时,直流电源的电压 V 加在负载 L 上,电感电流随导通时间线性增长,电流表达式为

$$I = \frac{U \cdot t}{L} \tag{6.1}$$

由式(6.1)可知,电感电流的大小由 U 和 L 共同决定,在 U 和 L 都确定时,导通时间越长,电流越大。在 t_1 时刻,导通电流的大小可以通过改变导通时间而改变。

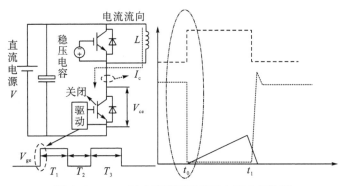

图 6.10　$t_0 \sim t_1$ 时电流流通路径和电流电压波形

图 6.11 为 $t_1 \sim t_2$ 时刻波形和电流流向，此时栅极信号控制压接型 IGBT 关断，负载 L 上的电流通过二极管续流，并且缓慢衰减，如图 6.11 虚线所示。

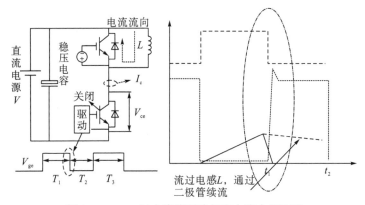

图 6.11　$t_1 \sim t_2$ 时电流流通路径和电流电压波形

如图 6.12 所示，在 t_2 时刻，给压接型 IGBT 施加第二个栅极驱动信号，压接型 IGBT 第二次导通，快速恢复二极管两端承受反向电压，进入反向恢复阶段；该时刻 IGBT 重新导通，电流是快速恢复二极管的反向恢复电流与电感电流的和。

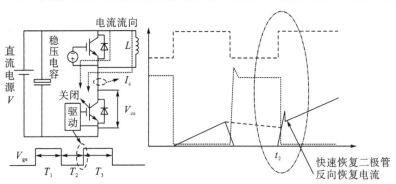

图 6.12　$t_2 \sim t_3$ 时电流流通路径和电流电压波形

图 6.13 为 t_3 时刻，压接型 IGBT 第二次关断过程，此时电流达到最大值，因为杂散电感的存在，所以会产生一定的电压尖峰，此时能够观察到 IGBT 的关断过程，此过程应重点观测电压尖峰，注意关断之后电压和电流是否存在振荡。

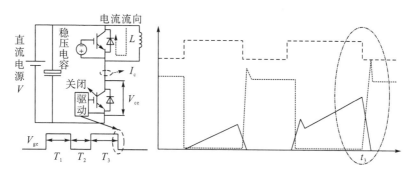

图 6.13　第二次关断后电流流通路径和电流电压波形

6.1.3　施压夹具及压力标定

压接型 IGBT 器件的压力对于器件的电-热-机械性能有很大的影响，因此施加夹具和外加压力对压接型 IGBT 来说十分重要。以 3300V/50A 单芯片压接型 IGBT 器件为研究对象，单芯片夹具的实物图、结构图和器件的封装结构分别如图 6.14(a)～(c)所示。

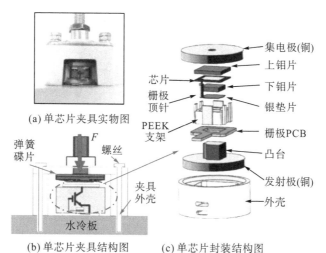

(a) 单芯片夹具实物图

(b) 单芯片夹具结构图　　(c) 单芯片封装结构图

图 6.14　单芯片封装和夹具结构图

除了集电极(铜)、集电极侧钼片、IGBT 芯片、发射极侧钼片、垫片(银)和发射极(铜)依次堆叠组成压接型 IGBT 的主要结构，其他组件还包括栅极顶针、PEEK 支架、栅极 PCB、封装外壳。其中，封装外壳的高度低于内部从发射极至集电极

的高度，一方面使得芯片和外部隔绝，另一方面不影响对芯片施加压力；结构中
PEEK 支架用于固定发射极到集电极的各层材料，可承受超过 220℃的高温。器件
各层之间通过压力紧密结合，上下铜极可以通过散热器有效散热。封装好的压接
型 IGBT 器件结构如图 6.14(b)所示，压接型 IGBT 器件通过夹具外壳和螺丝固定
在水冷板上，外部压力通过挤压弹簧碟片实现压力的传导。

为了标定施加在模块上压力的大小，设计了如图 6.15(a)所示的测试套件，该
测试组件由压力传感器、压头、标定套件组成，为了准确标定压接型 IGBT 器件
的压力，分别施加 500N、1200N 和 2500N 三组压力。标定过程如下：首先将压
头上表面和标定套件上表面固定在同一水平面，并将标定套件和压力传感器固定
在一起；然后将单芯片模块放在压头位置(模块底部略大于压头又小于标定套件的
内径)，将图 6.15(a)中的外壳部分固定在标定套件上，这样压力只通过压头将单
芯片所受的压力传递给压力传感器，并将测试结果显示在配套的称重仪表上，
如图 6.15(b)所示。为了得到更准确的标定结果，减小人为操作的误差和标定差异，
取每个压力等级标定 5 次后的平均值(取整值)，结果如表 6.1 所示。

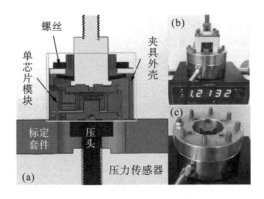

图 6.15 压力标定测试套件：(a)组件剖面图；(b)器件实物图；(c)最终标定成品图

表 6.1 压接型 IGBT 器件压力标定结果 (单位：N)

标定次数	标定平均值		
	500	1200	2500
第一次	471.7	1230.1	2470.5
第二次	466.9	1105.4	2544.8
第三次	503.2	1363.0	2445.6
第四次	568.1	1244.1	2450.4
第五次	547.4	1330.3	2594.6

6.2　单芯片压接型 IGBT 器件动静态特性测试

压接型 IGBT 器件通过外部压力实现连接,其独特的封装结构可能导致器件的电-热特性,并与焊接型 IGBT 器件存在较大差异。为了更好地了解压接型 IGBT 器件,本节对器件的静态特性、动态特性进行测试,并重点考虑压力和温度对器件性能的影响规律。

6.2.1　不同压力下器件静态特性

压接型 IGBT 器件内部的接触电阻和接触热阻均和压力的大小直接相关,图 6.16 显示了单个压接型 IGBT 器件的横截面。方框区域标记的是器件的金属化部分。从图中可以看出,金属化的表面并不是平整的,芯片和上下接触面不能完美贴合,而实际贴合面积的大小取决于施加压力的大小。

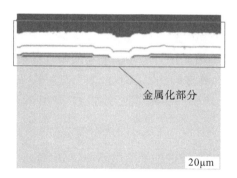

图 6.16　单个压接型 IGBT 器件横截面

压力和压接型 IGBT 特性的关系如图 6.17 所示,图 6.17(a) 为在单面散热的实验条件下,由芯片到发射极的热阻随压力的变化;图 6.17(b) 为单芯片的输出特性和压力的关系曲线。

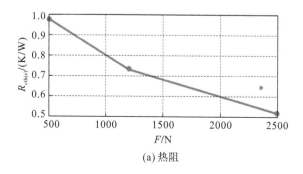

(a) 热阻

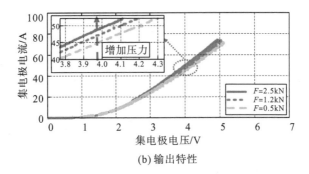

(b) 输出特性

图 6.17　压力和压接型 IGBT 特性的关系(V_{ge}=16V)

压接型 IGBT 的接触热阻与压力的关系为

$$R_{thha} = \frac{1}{h_{conv}A} \tag{6.2}$$

$$h_{conv} = 0.125k_s \frac{m}{\sigma}\left(\frac{P}{H}\right)^{0.95} \tag{6.3}$$

其中，k_s、m、σ、P、H 分别为平均导热系数、接触面的平均斜率(平直度)、接触面表面相对粗糙度、接触面的压力以及接触面的硬度；所以施加压力越大，接触热阻越小，压接型 IGBT 器件的热阻越小。式(6.2)和式(6.3)中，k_s、m、σ、H、A 为固定值，结合图 6.17(a)中的实验数据，可以拟合出热阻的经验公式为

$$R_{cth(e)} = 204.2 \cdot \frac{1}{F^{0.95}} \tag{6.4}$$

此外，在压接型 IGBT 器件的等效电路中，只有接触电阻和压力有关，接触电阻和压力的关系为

$$R_{Elec\_Con} = \frac{\rho_1 + \rho_2}{2}\sqrt{\frac{\pi H}{F}} \tag{6.5}$$

其中，ρ_1 和 ρ_2 分别为接触面两种接触材料的电阻率；H 为接触面较软材料的硬度；F 为施加在芯片上的压力大小，压力越大，接触电阻越小，器件导通电阻也越小。在式(6.5)中，ρ_1、ρ_2、π、H 为固定值，接触电阻的平方和 F 成反比，利用图 6.17(b)中的实验数据，根据在额定电流 50A、不同压力下的电阻拟合出经验公式为

$$R_{Elec\_Con} = 0.1433\sqrt{\frac{1}{F}} \tag{6.6}$$

不同压力下压接型 IGBT 器件的转移特性如图 6.18 所示，可以看出压力的改变对器件的阈值电压基本没有影响，即在压接型 IGBT 器件中，即使内部压力随着温度升高而变大，也不会对转移特性有明显的影响。

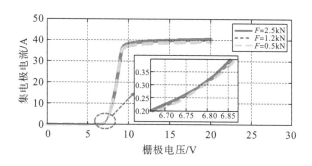

图 6.18　压接型 IGBT 转移特性和压力的关系

6.2.2　不同温度下器件静态特性

由于压接型 IGBT 器件和焊接型 IGBT 器件的芯片构成基本相同，器件的电学特性也应当是相似的，因此可以在焊接型 IGBT 器件特性的基础上，对压接型 IGBT 器件的特性进行研究。

IGBT 的阈值电压指的是形成导电通道需要在栅极和发射极之间施加的最小电压，可由式(6.7)求出：

$$V_{th} = \frac{2d}{e_{ox}}\sqrt{e_s N_A kT \ln\left(\frac{N_A}{n_i}\right)} + \frac{2kT}{q}\ln\left(\frac{N_A}{n_i}\right) \tag{6.7}$$

其中，e_s 为半导体介电常数；d 为氧化层厚度；e_{ox} 为氧化层介电常数；n_i 为本征载流子浓度；N_A 为掺杂浓度；k 为玻尔兹曼常量；q 为元电荷。

阈值电压和温度负相关，这是因为 n_i 随着温度的降低而减小，实际上，当芯片结温下降时，空穴能量减小，越来越多的空穴难以越过界面进入衬底中；而陷于氧化层中空穴陷阱的载流子能够获得的能量减小，难以挣脱束缚，最终导致氧化层电荷增加，阈值电压大幅升高。

对于压接型 IGBT 器件的导通电阻，当 IGBT 饱和导通时，导通电阻包括 MOSFET 管沟道电阻、寄生结型场效应管电阻、基区上表面电子积累层电阻和基区电导调制电阻，而影响正向饱和压降的主要是沟道电阻和基区电导调制电阻。沟道电阻表达式为

$$R_{oh} = \frac{L}{Zu(T)C_{ox}\left(V_{GS} - V_{th}(T)\right)} \tag{6.8}$$

其中，L 为沟道的长度；Z 为沟道的宽度；T 为实际温度，C_{ox} 为栅极特征电容；V_{GS} 为栅极电压；$V_{th}(T)$ 为阈值电压；$u(T)$ 为沟道电子迁移率。在式(6.8)中与温度有关的参数为沟道电子迁移率和阈值电压，其中沟道电子迁移率和温度的关系如下：

$$u(T) = u(T_0)T^{-m} \tag{6.9}$$

其中，m 为常数，介于 1.5 和 2.5 之间；T_0 为参考温度，通常为 273.15K。因此，沟道电子迁移率随温度的升高而减小，而通常情况下，栅极电压的影响可以忽略不计，认为只有沟道电子迁移率影响沟道电阻；所以随着温度升高，沟道电子迁移率逐渐降低，压接型 IGBT 的沟道电阻增大。

综上所述，在典型的工作电流范围内，压接型 IGBT 的饱和压降在导通电流和栅极驱动电压保持不变的情况下随着温度的升高而增加。图 6.19 为不同温度下压接型 IGBT 器件静态特性的测试结果。

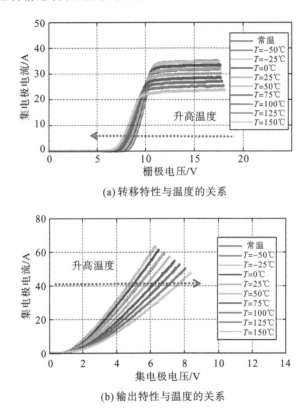

(a) 转移特性与温度的关系

(b) 输出特性与温度的关系

图 6.19   温度对压接型 IGBT 静态特性的影响（V_{ge}=16V）

从图 6.19(a) 可以看出，压接型 IGBT 的栅极电压和温度呈负相关性，这与传统焊接型 IGBT 器件是相同的；从图 6.19(b) 可以看出，在相同导通电流的情况下，导通压降和温度正相关，即随着温度的升高，压接型 IGBT 器件的导通电阻增加。

考虑压接型 IGBT 中导通压降和压力负相关，但是在器件的升温过程中，温度上升会导致器件内部压力增加；而测试结果表明，温度的升高并未导致导通压降和温度的正相关性，说明相比于温度对电阻的影响，压力变化对导通压降的影响可以忽略不计。

温度对导通电阻的影响，主要表现在芯片导通电阻的温度系数上，即

$$a = \frac{R_2 - R_1}{R_1(T_2 - T_1)} \tag{6.10}$$

其中，R_1 为温度 T_1 时的导通电阻；R_2 为温度 T_2 时的导通电阻。在实际中，根据实验测试数据，结合式(6.10)，即可得到压接型 IGBT 器件导通电阻的温度系数。

6.2.3　不同压力下器件动态特性

压接型 IGBT 作为开关器件，除了静态特性以外，器件的动态特性也影响着器件的性能，为了研究不同压力对器件电学性能的影响，采用两个不同压力的单芯片压接型 IGBT 并联进行双脉冲实验，并联芯片的双脉冲原理如图 6.20 所示。本节研究其在开关动态过程中电流分布和压力的关系，不同压力下 IGBT 的双脉冲电流波形如图 6.21 所示。

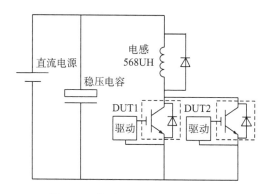

图 6.20　并联芯片的双脉冲原理图

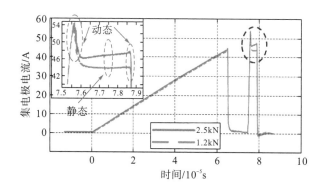

图 6.21　不同压力下 IGBT 的双脉冲电流波形

在测试中，为排除芯片本身的差异性，采用 3 组夹具和芯片互换进行双脉冲测试，取平均值作为实验结果。可以看出，在双脉冲测试下，压接型 IGBT 器件的特性存在一定差异。在开关过程中，1200N 和 2500N 器件的性能差异较小，表明压力对 IGBT 的寄生电容几乎没有影响；而由于压接型 IGBT 器件所受压力不同，影响接触电阻和整个压接型 IGBT 器件的电阻大小，从而导致在不同压力下 IGBT 电流的分布存在一定的差异。对于压力较大的器件，导通电阻较小，动态电流较大；而对于压力较小的器件，导通电阻较大，动态电流也相对较小；但实际上由于接触电阻在整个器件电阻中占比很小，压力对电流的分布影响有限。因此，可以得出压接型 IGBT 器件动态特性方面的差异是由静态差异导致的。

6.3　单芯片压接型 IGBT 器件并联特性测试

在电力电子装备中，常采用多芯片并联的多芯片压接型 IGBT 器件代替单芯片压接型 IGBT 器件，以满足实际中大电流等级的需求。由于多芯片器件内部电-热-机械耦合关系复杂，器件内部各芯片很难保证温度、压力的一致性；此外，现有测试方法通常只能测得器件的外部特性，难以实现器件内部特性的测量，且压接型 IGBT 器件特殊的封装结构进一步加大了电-热特性测试的难度。在这种情况下，采用承受不同压力的单芯片器件并联模拟研究多芯片器件的方法以获取器件的电-热特性，是揭示器件性能的有效方法。

6.3.1　并联压接型器件实验平台

将两个同一批次的芯片封装在压力条件不同、其他条件基本相同的外压接结构内，把两芯片并联置于单面水冷散热器上，通过驱动电路控制二者导通，利用可编程电源给器件注入直流工作电流，当器件达到稳态时，利用电流钳测量器件的电流，利用红外摄像仪测量并联器件的温度分布。实验原理如图 6.22 (a) 所示，实验平台如图 6.22 (b) 所示。

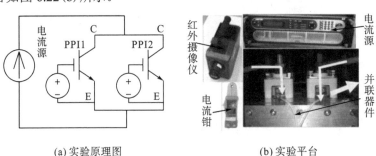

(a) 实验原理图　　　　　　　　(b) 实验平台

图 6.22　并联实验原理和实验平台

6.3.2　压接型器件并联特性

给并联器件注入 85A 的电流，分别进行两组实验，在两芯片上分别施加 1200N、2500N 以及 500N、2500N 的压力，分别代表压力稍有不均和严重不均的两种情况。测量两芯片的稳态分配电流和表面最高温度，测得器件的稳态电热分布特性如图 6.23 所示。其中，图 6.23(a) 为并联芯片分别在压力 1200N 和 2500N 条件下的模拟电热分布，可以发现受压较大的芯片分配电流较大，为 48.32A，而受压较小的芯片获得的分配电流较小，为 37.77A，并联器件分配电流的差别大于 20%。此外，虽然受压较大的芯片分配电流较大，但芯片温度却较低，为 124.68℃；而受压小的电流芯片温度较高，为 136.53℃，两芯片的最高温度相差 11.85℃。图 6.23(b) 显示了芯片内部压力严重不均情况下的模拟稳态电热分布情况，其中两个并联芯片分别受压 500N 和 2500N，其电热分布规律与图 6.23(a) 相似，但对比可见，随着并联芯片所受压力差增大，两芯片的温度差和分配电流差也都增大，此时最大温度差达到 17.75℃。因此，压力分布不均会严重影响器件的可靠性。

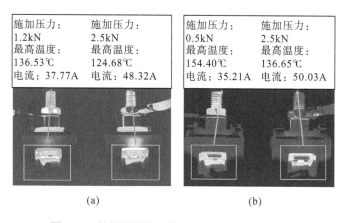

图 6.23　并联器件的电热分布特性(总电流 85A)

进一步给两个并联器件通入不同大小的电流，获取压力分布不均对电热特性的影响随注入电流变化的规律，如图 6.24 所示。从图中可见，无论是并联芯片的温度差还是分配电流差，都会随着注入电流的增大而增加；因为外部压力影响器件的接触电阻和接触热阻，因此通过上述测试结果可以得出，受压小的芯片，由于接触电阻大，所以分配的电流小，器件产生的热量小，同时压力较小的器件接触热阻大，散热慢，芯片最大结温高。相反，受压大的芯片，由于接触电阻小，导致分配电流大，器件产生的热量高，同时器件接触热阻小，散热性能好，芯片的最大结温高。因此，其内部并联芯片的电流分配直接取决于压力大小;而温度分布主要取决于接触热阻,换句话说,热阻比电阻更能影响芯片热分布特性。此外,随着压力的不均程度和注入电流的增加,电流和温度不均的问题更为严重,温度过高将直接导致器件因过热而发生老化失效,而过电流则会导致器件过电应力失效,因此在压接型 IGBT 器件中,压力不均对器件的可靠性影响明显。

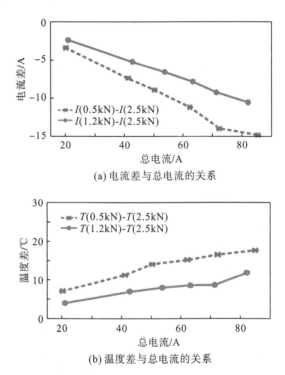

(a) 电流差与总电流的关系

(b) 温度差与总电流的关系

图 6.24   两芯片不同压力下电流差、温度差与总电流的关系

6.4   本 章 小 结

为了了解压接型 IGBT 器件的电学参数和电学性能,本章首先介绍了压接型 IGBT 器件的静态特性(包括输出特性、转移特性、寄生电容)和动态特性的测试电路及测试平台,针对压接型 IGBT 器件的施压系统进行了压力测试及标定,并在此基础上开展了与压力和温度相关的单芯片压接型 IGBT 器件静态、动态特性测试。静态性能测试表明,压力会影响器件的输出特性,但并不影响器件的阈值电压,而温度的升高则会引起器件的阈值电压和导通电阻的增大,这与焊接型 IGBT 器件特性相同,说明压接型 IGBT 器件性能的变化是由封装与芯片接触导致的;器件的动态性能测试则表明,器件开关过程出现的差异与静态参数的差异有关。

为了进一步揭示多芯片压接型 IGBT 器件的电-热特性，采用了单芯片器件并联模拟多芯片器件的研究方法，对压接型器件的电流和温度分别进行测试，实验结果表明在压接型 IGBT 器件中，接触电阻决定了器件电流分布的大小，而结温分布取决于接触热阻，接触电阻对热的影响相对小。

第 7 章　压接型 IGBT 器件功率循环测试

功率循环实验是一种加速老化的实验，实验中功率模块由芯片的功率损耗加热。功率循环实验作为封装可靠性实验的一种，在测试封装可靠性中具有重要的意义。大型电力设备的任何不可预料的故障都会给电网造成重大损失，所以要想使压接型 IGBT 器件得到广泛的运用，必须对其进行可靠性实验。功率循环实验作为器件的加速老化实验，可以模拟压接型 IGBT 器件正常运行的工况。功率循环老化实验结果在不改变器件失效分布的情况下，可以用于预测器件在特定条件下的工作可靠性水平，从而对器件的工艺和可靠性进行评估。

本章首先对功率循环原理进行阐述；然后搭建可控压力的压接型 IGBT 模块功率循环老化实验平台作为后续研究的基础；最后基于实验平台进行压接型 IGBT 器件功率循环测试。

7.1　功率循环加速老化实验原理

功率模块在恶劣环境下必须禁得起高应力的考验。功率模块的高可靠性和高质量十分重要，而寿命实验可以研究这些问题。在评估一个器件的状态时，准确的失效标准是十分重要的。标准 IEC 60747-1 这样定义失效，即一个器件的一个或者多个特征值在实验过后无法达到其规定的值就被视作失效。标准 IEC 60747-9 规定了 IGBT 实验的失效标准和测量方法。表 7.1 给出了耐久性和可靠性实验接收判定条件。具体的上下限可在器件的数据手册中找到。

表 7.1　耐久性和可靠性实验接收判定条件

特征参数	失效判据	测量条件
I_{ces}	<USL	规定的 V_{ce}
I_{ges}	<USL	规定的 V_{ge}
$V_{ge(th)}$	>LSL 且<USL	规定的 V_{ce} 和 I_c
V_{cesat}	<USL	规定的 I_c
R_{th}	<USL	规定的 I_c

注：USL 代表规范上限值；LSL 代表规范下限值。

电力电子器件的性能和可靠性实验可以分为以下三种：芯片实验、封装可靠性实验和封装机械实验。芯片实验包括高温反偏实验和高温门极应力实验等。封装可靠性实验包括高温高湿度偏置实验、高低温存储实验、热冲实验、热循环实验和功率循环实验等。封装机械实验包括机械冲击实验和振动实验等。

功率循环实验过程需要设置负载电流、冷却条件、最高温度和最低温度，被测器件在功率循环过程中一直保持与冷却设备相连。在被测器件开通阶段，负载电流通过功率模块后使芯片产生功率损耗，导致芯片和器件温度上升，当芯片结温达到设定的最高温度时关断负载电流，被测器件的开通时间受负载电流大小、冷却条件和设定最高温度决定。在被测器件关断阶段，芯片结温达到设定的最高温度关断负载电流后，受冷却条件影响，芯片和器件温度降低，当芯片温度达到设计的最低温度时导通负载电流，被测器件的关断时间受冷却条件和设定最低温度所决定。

功率循环实验分为主动功率循环实验和被动功率循环实验两种。在被动功率循环实验中，被测器件在整个循环过程中栅射极一直加正向电压使其处于开通状态，负载电流由负载电流开关控制其开断。在主动功率循环实验中，负载电流由被测器件控制其开断。由于器件在每个循环都阻断了负载电流，因此相比于被动功率循环，器件会承受更大的应力，同时也更接近实际的工作情况。

7.2　功率循环测试硬件平台

通过功率循环实验，可以得到循环温度对器件寿命的影响和主要的失效机理。功率循环实验的目的在于建立热力学模型来预测器件在工况下的寿命。因此，对功率循环实验平台的要求如下：

(1)能够实现在多种功率循环控制策略(恒定结温波动、恒定壳温波动、恒定加热冷却时间、上结温下壳温、上壳温下结温)下运行，循环策略能够手动选择，能够实现温度限制和时间限制，参数可以自由设置；

(2)能够记录 IGBT 器件在每个循环周期中的最大、最小结温和壳温；

(3)能够记录 IGBT 器件在每个循环周期的加热过程中饱和压降的变化；

(4)每个循环周期中外加电源保持恒定；

(5)加热和冷却过程应尽可能快以使 IGBT 器件快速老化，因此需使用水冷装置；

(6)压力可设定的可靠夹具能发挥压接型 IGBT 器件双面散热的特有优势，同时可以研究不同压力对压接型 IGBT 器件寿命的影响；

(7)在每个循环周期中能监测器件的老化情况；

(8)循环过程是自动进行的，且能够自动采集、存储数据(电压、电流、温度、循环次数、循环耗时等)；

(9)平台能识别故障状态，并在出现故障状态时能实现自动保护；

(10)上位机界面简单清晰，可以快速设置实验参数、完整显示实验数据、实时显示实验状态；

(11)在满足上述要求的基础上，严格控制成本，同时搭建过程应尽可能耗时短以完成后续的失效机理分析与寿命建模研究。

对于功率循环实验平台，硬件是基础。由于焊接型 IGBT 与压接型 IGBT 的封装形式不同，因此需要独特的硬件设计。为实现上述目标，通过硬件设计(封装设计、夹具设计、电路设计、测量及冷却系统设计)与软件设计(老化实验方案设计、上位机控制程序设计)两方面搭建了功率循环实验平台，本节将重点介绍功率循环测试硬件平台的设计过程。

7.2.1　封装设计

为了研究压接型 IGBT 模块各层结构对其性能的影响，计划设计各层结构。SolidWorks、PRO-E、CATIA、UG 等软件均可以绘制三维立体模型。其中，SolidWorks 属于低端三维设计软件，操作最为简单，在符合大多数人的操作习惯的同时能满足大部分工业设计的需要，与其他软件的协作性强；PRO-E 属于中端三维设计软件，基于 Windows 平台，比 SolidWorks 操作更烦琐、曲面功能更强；CATIA 属于高端三维设计软件，比 SolidWorks 和 PRO-E 更为专业、功能更强大，适合汽车、船舶等专业设计；UG 同样属于高端三维设计软件，其学习难度与 CATIA 相似，其优势在于同步建模，不用考虑很多的父子项关系问题，但其智能捕捉功能没有 CATIA 强，必须精确地手工定义每个元素的约束，相当不方便。为了快速上手完成设计，团队选择了操作性较强、简单易学、协作性强的 SolidWorks 软件来设计。

图7.1为单芯片压接型IGBT模块内部结构的整体示意图，具体设计过程如下。

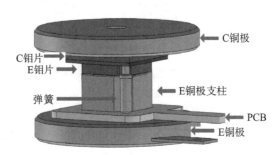

图 7.1　单芯片压接型 IGBT 模块内部结构整体示意图

芯片：为某公司提供的尺寸为 13.56mm×13.56mm×0.57mm 压接型 IGBT 芯片。额定电流为 50A，额定电压为 3300V。

上钼片(集电极钼片)：尺寸依据芯片电极面积进行设计，如图 7.2 所示，表面镀镍防腐蚀，厚度为可优化的指标。

下钼片(发射极钼片)：尺寸依据芯片电极面积进行设计，如图 7.2 所示，表面镀镍防腐蚀，放置在支架中间空洞处，高出支架台阶，厚度为可优化的指标。

栅极顶针：复合芯片电极尺寸，如图 7.2 所示，弹力为可优化的指标。

下铜电极(集电极铜极)：如图 7.3 所示，材料为紫铜，厚度为可优化指标，下铜柱高度为弹簧压缩时的高度加 PCB 的厚度，根据弹簧弹力进行优化，PCB 孔洞穿过铜柱，铜柱面积与下钼片相同。

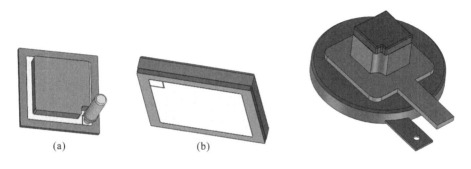

图 7.2　上下钼片及栅极顶针设计　　　图 7.3　下铜极、PCB 与下钼片的关系

支架：如图 7.4 所示，材料为耐正高温 260℃、机械性能优异、耐化学腐蚀、阻燃、耐磨的特种工程塑料——PEEK 树脂，护栏尺寸与芯片尺寸相同，弹簧孔洞对准芯片栅极。支架的中心孔洞与铜支柱相符，铜支柱需高出栅极台阶，如图 7.5 所示。

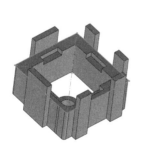 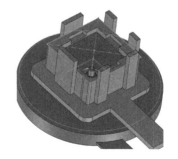

图 7.4　支架　　　　　　　　　图 7.5　支架与下铜极关系

支架与上、下钼片的关系如图 7.6 所示，放置芯片和上、下钼片后，钼片高度需高出支架护栏，支架边缘厚度为可优化指标，且需考虑绝缘强度，在多芯片中还需考虑多芯片并联排布间距等。

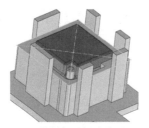 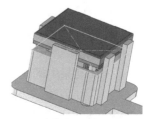

(a) 支架与下钼片关系　　　　　(b) 支架与上钼片关系

图 7.6　支架与上、下钼片的关系

外壳内部容纳 PCB 的关系如图 7.7 所示，打孔引出 PCB 的栅极引出端，同时为热电偶留下足够的空间。外壳的内部护栏的高度低于上钼片高度，外部护栏的高度小于上铜极的厚度。

图 7.8 为根据 SolidWorks 软件设计加工得到的模块实物图（朝前的面被锯掉以便观察内部结构）。

图 7.7　外壳与 PCB 的关系　　　　　图 7.8　设计的模块实物图

7.2.2　夹具设计

为了模拟正常的工作环境，应使压接型 IGBT 模块各层材料紧密地压接在一起，从而减小接触面的接触电阻和接触热阻，在保证压接型 IGBT 器件能发挥双面散热优点的同时，还能够实现外加压力的恒定可调。为了实现上述要求，计划设计特殊的夹具来开展实验。为了快速上手完成设计，选择了操作性较强、简单易学、协作性强的 SolidWorks 软件来设计。

图 7.9 为单芯片压接型 IGBT 模块夹具的整体示意图。图 7.10 为单芯片压接型 IGBT 模块夹具压头部分，从上至下依次为压头、弹簧和压板。压头的螺纹与夹具外框架部分的上铁板空洞的螺纹相匹配，通过旋转压头压缩弹簧可以调节加在压接型 IGBT 模块两端施加的压力大小，压头上端为六角形柱体，方便旋转加压；弹簧可承受的最大压力为 10000N，具有大的变形量，通过测量弹簧收缩的长度可以计算施加压力的大小；压板为高强度、抗磨、耐压、耐高温的绝缘塑料板，

压板两端被卡在四颗大螺栓之间以保证加压时不会因摩擦力带动下面的模块一起转动，从而保证加压时模块内部结构不会损坏。

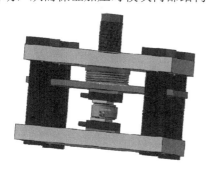

图 7.9　单芯片压接型 IGBT 模块夹具的
整体示意图

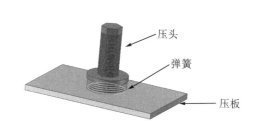

图 7.10　单芯片压接型 IGBT 模块
夹具压头部分

图 7.11 为单芯片压接型 IGBT 模块夹具外框架部分，由上下两块铁板和四颗大螺栓组成。在上铁板中心处打通孔、转螺纹，螺纹与压头的螺纹对应，在上下铁板的四个角对应位置处打通孔、转螺纹，螺纹与螺栓的螺纹对应，螺栓为《六角头螺栓　细牙》（GB/T 5785—2016）8.8 级高强度细牙外六角螺栓（细扣螺丝 M30mm×2mm×180mm）。四颗螺栓将上下铁板连接在一起，为了保证加压均匀，上下铁板应保持平行。

图 7.11　单芯片压接型 IGBT 模块夹具外框架部分

图 7.12 为单芯片压接型 IGBT 模块夹具水冷部分，其中上下第一层为高强度、耐高温、耐压的绝缘塑料板，第二层为水冷头，第三层为金属电极，中间为压接型 IGBT 模块。绝缘塑料板实现模块与夹具的电隔离，以保证实验安全。水冷头一般有铆接和焊接两种形式，实验中选择可靠性较高的焊接型水冷头。对上下电极伸出端打通孔、转螺纹，用于固定导线来导电。

图 7.13 为根据 SolidWorks 软件设计后加工得到的夹具实物图。该夹具使压接型 IGBT 模块各层材料紧密地压接在一起，从而减小接触面的接触电阻和接触热阻，同时保证压接型 IGBT 器件能发挥双面散热的优点，还能够实现外加压力的恒定可调。

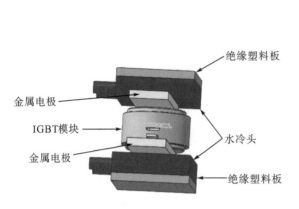

图 7.12 单芯片压接型 IGBT 模块夹具水冷部分   图 7.13 设计的夹具实物图

7.2.3 电路设计

1. 实验主电路

参考焊接型 IGBT 器件功率循环实验的电路,结合压接型 IGBT 模块自身的特点,本节设计压接型 IGBT 器件功率循环实验的主电路,该电路主要由被测 IGBT 模块、驱动电路、采集电路和可编程直流电源等组成,如图 7.14 所示。

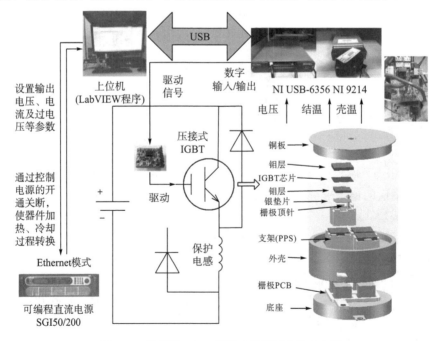

图 7.14 压接型 IGBT 器件功率循环实验主电路

在该电路中，可编程直流电源为 Sorensen 公司的 SGI50/200，工作在电流源模式，可由上位机的 LabVIEW 软件编写的程序控制；LabVIEW 软件通过采集卡输出数字信号给门极驱动电路从而控制 IGBT 模块的导通与关断；电路中电感的作用是保护 IGBT 模块不会因电流突变而损坏，与电感并联的反向二极管一起，保证当可编程直流电源关断时电感可以通过其进行放电。本节采集的数据有导通压降 V_{ce}、模块结温 T_j 和模块壳温 T_c。其中 V_{ce} 由采集卡 NI USB-6356 采集。温度的测量由 K 型热电偶(检测范围为-200～1350℃)实现，温度的采集通过采集卡 NI 9214 完成。

2. 驱动电路

本节测试的产品还未有完善的数据手册，参考 ABB 公司焊接型 IGBT 器件的数据手册，如表 7.2 所示。

表 7.2　ABB 焊接型 IGBT 器件数据*

最高结温 T_{vj}/℃	开通延迟时间 $t_d(on)$/ns	上升时间 t_r/ns	关断时间 $t_d(off)$/ns	下降时间 t_f/ns
25	320	70	485	55
125	345	70	560	70

*工况为：V_{CC}=600V，I_c=57A，R_g=18W，V_{ge}=±15V，L_s=60nH，电感负载。

通过查阅数据手册，了解到在一般情况下，IGBT 器件的开通延迟时间为350ns左右，关断延时时间为 500ns 左右，也就是说为了发挥 IGBT 器件高速开关的优势，并且使实验的条件更接近于实际情况，驱动的速度尽可能快过 IGBT 的开关速度，这里参考 CREE 公司的驱动进行改进，其速度能达到几十纳秒。

图 7.15 为根据设计制作得到的驱动板。

图 7.15　设计制作得到的驱动板

3. 电压采集电路

图 7.16 显示的是整个采集控制电路的基本框图，图中二极管 D_1 和 D_2 串联，其中通过小电流源 I_s 在被测器件(device under test，DUT)开通的时候正向导通，D_1 的阴极和 IGBT 的集电极相连，如果 DUT 关断，那么二极管 D_1 可以反向锁住 DUT 集电极端口的电压，防止在关断过程中出现的高电压对采集电路部分造成破坏。而二极管 D_3 和 D_2 反向并联，保证 DUT 在关断过程中的高电压被完全锁定在 D_1 两端。在保证二极管 D_2 和 D_1 正向导通性能相同的情况下，可以得到

$$\Delta V_{D2} = V_1 - V_2 \tag{7.1}$$
$$\Delta V_{D1} = V_2 - V_{ce} \tag{7.2}$$
$$\Delta V_{D1} = \Delta V_{D2} \tag{7.3}$$
$$V_{ce} = 2V_2 - V_1 \tag{7.4}$$

其中，ΔV_{D1} 为二极管 D_1 两端的电压；ΔV_{D2} 为二极管 D_2 两端的电压。当经过运算放大器 U_1 的电压调整，假设在 $R_1=R_2$ 的情况下，可以得到 V_{ce}'，即

$$V_{ce}' = V_1 - 2(V_1 - V_2) = 2V_2 - V_1 \tag{7.5}$$

由式(7.5)可以看出，在 D_1 和 D_2、R_1 和 R_2 相等的情况下，$V_{ce}=V_{ce}'$，即在 NI 采集卡采集到的电压就是导通压降。

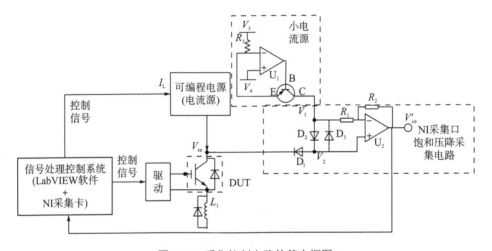

图 7.16　采集控制电路的基本框图

7.2.4　测量及冷却系统设计

在功率循环老化实验过程中，芯片的温度不断经历着由高到低再由低到高的循环，因此芯片温度的准确测量与特定点温度的合理控制不仅能保证实验数据的可靠性，同时也决定着整个实验的安全与否。

1. 温度测量设计

在 IGBT 器件加速老化实验的进程中，准确测得模块的结温和壳温，可以判断模块的工作和老化情况，应适时关断器件让模块冷却保证循环的进行。如果在老化加热过程中不能准确测得模块的结温和壳温，那么 IGBT 模块可能一直处于加热状态，当其结温值超过其最大允许值时，器件极有可能发生"雪崩"，或者烧毁芯片，轻者导致模块的损坏，重者引发火灾等灾难性事故。结温和壳温作为 IGBT 器件老化过程中的特征量，准确测量对于后续可靠性问题的研究有着重要的意义。本节采用导热胶将 K 型热电偶固定于模块的芯片边缘和上下铜极的边缘处以测量结温和壳温。图 7.17 为热电偶测量结温的示意图，实验中热电偶探头用导热胶固定在芯片边缘处，导热胶既可起到固定作用又可起到电气绝缘和导热的作用。

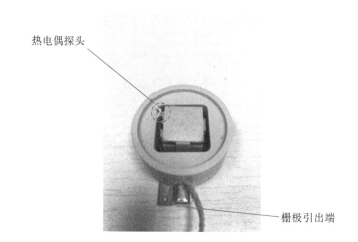

热电偶探头

栅极引出端

图 7.17　热电偶测量结温示意图

2. 水冷系统设计

为提高老化实验效率，加热和冷却过程应尽可能快，以使压接型 IGBT 模块快速老化，需要设计水冷系统来尽可能快地降低 IGBT 模块的温度。压接型 IGBT 模块两端接触水冷散热板进行散热，老化实验采用 KANSA ICA-5 具有 15kW 冷却功率的制冷机来维持水冷路径中制冷液的温度。水冷系统的水流路径由两个电磁阀控制，电磁阀则由继电器控制其开关，继电器的开关信号由 NI 采集卡输出，NI 采集卡受上位机 LabVIEW 程序控制。在模块的加速老化进程中，制冷机的水泵一直处于开启状态。在模块加热的过程中，控制阀 2 打开，控制阀 1 关闭，制冷液不流过水冷散热板，模块温度上升；在模块冷却阶段，控制阀 2 关闭，控制阀 1 打开，制冷液流过水冷散热板加速模块冷却。水冷系统框图如图 7.18 所示。

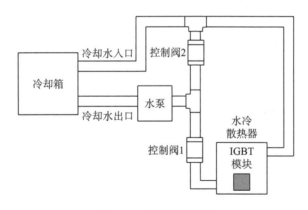

图 7.18   水冷系统框图

7.3   压接型 IGBT 器件功率循环测试软件平台

功率循环老化实验平台的软件部分是整个平台的大脑,其控制硬件部分按照制订好的计划运行。压接型 IGBT 模块的功率循环实验平台的软件设计可以参考焊接型 IGBT 模块功率循环实验平台。本节从功率循环实验的老化实验方案设计、上位机控制程序设计两个方面完成平台的软件设计。

7.3.1   老化实验方案设计

IGBT 模块老化时其内部物理结构会发生变化,从而使其外部特性发生变化。为了通过外部特征量判断 IGBT 的老化进程,焊接型 IGBT 一般选取饱和压降、阈值电压、结温、壳温、稳态热阻等特征量进行研究。

饱和压降:微动磨损是压接型 IGBT 模块最常见的失效模式,造成微动磨损的根本原因是材料间的热膨胀系数不匹配。各层材料在热胀冷缩的过程中相互摩擦,芯片表面产生裂痕使得电阻增加,在额定电流的情况下饱和压降会增加。除此之外,当压接型 IGBT 发生微烧蚀、栅氧化层损坏、弹簧失效等情况时,饱和压降也会发生变化,因此监测压接型 IGBT 模块的饱和压降十分重要。由于芯片的饱和压降会随着温度的上升而增加,因此需要在每个循环的同样时间或同样温度处采集饱和压降进行对比。

阈值电压:通常将传输特性曲线中输出电压随输入电压改变而急剧变化转折区的中点对应的输入电压称为阈值电压。当 IGBT 模块栅极电压逐步增大,等于或大于阈值电压时,栅下 p 阱表面形成反型沟道,在器件的集电极和发射极之间形成沟道电流通路,因此器件导通。随着 IGBT 器件不断老化,负电荷会在栅极氧化层中不断累积,导致阈值电压上升。

　　结温和壳温: 微动磨损除了对电阻产生影响以外还会对模块热阻产生影响, 为了研究模块在加速老化过程中内部物理结构的变化过程, 监测结温和壳温是有必要的。

　　稳态热阻: 当有热量在物体上传输时, 物体两端的温度差与热源功率之间的比值即热阻, 热阻 R_{th} 的计算公式为

$$R_{th} = \frac{T_2 - T_1}{P} \tag{7.6}$$

当热量流过两个相接触的固体的交界面时, 界面本身对热流呈现出明显的热阻, 称为接触热阻。稳态热阻反映了各层材料之间的物理状态, 并且能够反映模块各层之间的老化情况。

　　由于在功率循环过程中模块一直处于瞬态, 要得到稳态热阻需要停止循环单独测量, 为保证实验效率没有选择稳态热阻作为特征量。饱和压降和阈值电压均能反映芯片的老化状态, 但阈值电压测量需要高采集速度的硬件支持, 电路设计复杂。因此, 本节根据已知的压接型 IGBT 模块的失效机理, 在加速老化实验中选择饱和压降、结温和壳温作为特征量研究其老化进程。在确定了采集的特征量后, 需要对特征量采集的时间点进行确定。

　　本节功率循环老化实验设计 IGBT 芯片在加热阶段 t_{on} 是恒定导通的, IGBT 芯片主动关断电流后进入模块冷却阶段 t_{off}。图 7.19 表明了功率循环老化实验中一个周期的结温的变化情况, 上位机 LabVIEW 程序控制着实验循环的进行, 程序在 a、b、c 三点采集数据。

　　a 点: IGBT 开通前测量每个循环中芯片的最低结温或壳温 (下限为结温则测量壳温, 下限为壳温则测量结温, 固定导通、关断时间则测量结温)。

　　b 点: IGBT 导通开始加热 1s 的时间点, 在这点采集冷态的饱和压降。

　　c 点: IGBT 关断前测量每个循环中芯片的最高结温或壳温 (上限为结温则测量壳温, 上限为壳温则测量结温, 固定导通、关断时间则测量结温)、负载电流值和热态的饱和压降。

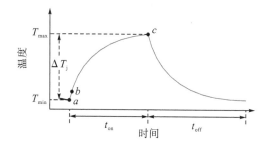

图 7.19　功率循环实验中一个周期的结温变化示意图

本节主要采用恒定结温波动的控制策略，确定实验数据采集情况后，实验的流程框图设计如图 7.20 所示。

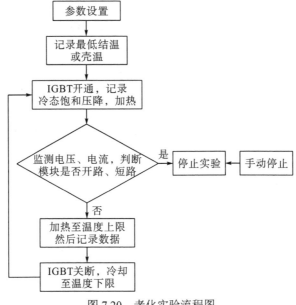

图 7.20　老化实验流程图

平台在模块出现开路或短路状态以及芯片温度过高的异常情况下会自动停止运行，直到人工排查了出现的故障后重启。

7.3.2　上位机控制程序设计

功率循环实验平台的上位机是发出操控指令的计算机，下位机是 NI 采集卡。LabVIEW 是一种程序开发环境，是 NI 设计平台的核心，实验前需编制好程序用于控制 NI 采集卡的信号输出与信号采集。在编制 LabVIEW 程序前需要了解功率循环实验的控制策略。

1. 控制策略概述

在功率循环实验中，控制策略的选择十分关键。传统的焊接型 IGBT 器件功率循环实验的控制策略主要有五种。

1）恒定导通、关断时间

这种控制策略严格控制了 IGBT 模块的导通和关断时间。IGBT 模块的老化使得模块热阻不断增加，同样加热时间下最高结温不断升高。因为没有加入任何的补偿机制，该策略是控制条件最为严格的控制策略。该控制策略能直观地反映 IGBT 模块的老化进程，适合研究 IGBT 模块的失效机理。其控制框图如图 7.21 所示。

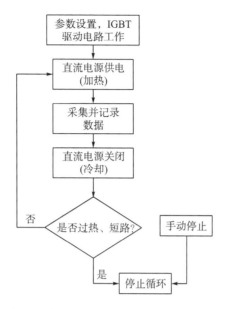

图 7.21　恒定导通、关断时间流程控制框图

2) 恒定耗散功率

这种控制策略同样以固定的导通、关断频率为基础，外加设备以得到恒定的功率损耗。根据 IGBT 的特性曲线，改变栅极驱动电压可以改变集电极电流，所以要实现恒定耗散功率，需要控制好栅极驱动电压。实现这种控制策略需要反馈环节，对硬件的要求较高。

3) 恒定壳温波动

这种控制策略通常使用热电偶测量模块的壳温，通过改变实际的导通和关断时间得以实现。一种可行的方法是通过热电偶或其他方式测量到的壳温对循环进行控制，当壳温高于设置的最高壳温时关断 IGBT 或者关断电源输出直到壳温下降到设置的最低值。该策略考虑了壳温的限制问题，保证温度波动的恒定，但由于人为限制了温度，因此引入了对模块老化的补偿。

4) 恒定结温波动

与恒定壳温波动的控制策略类似，这种控制策略实际上是调节了导通、关断时间得以实现。通过热电偶或其他方式测量模块结温，并在超出设定的温度范围时调节 IGBT 导通情况或者电源供电的情况来实现。因为结温上下限设置为恒定不变的，使用该控制策略可以完全补偿模块的老化。因此，采用该控制策略进行实验得到的循环次数应该是四种策略中最多的。该控制策略控制了结温，以保证实验的安全，适合于研究不同实验条件对 IGBT 模块寿命的影响。恒定温度波动控制策略的流程框图如图 7.22 所示。

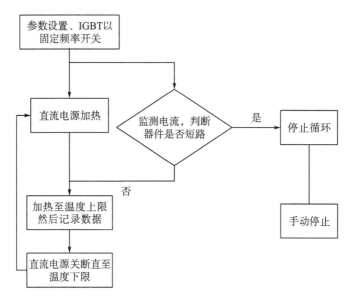

图 7.22　恒定温度波动流程框图

5）其他控制策略

上述四种控制策略为常见的功率循环控制策略，为了满足特殊的研究要求，也可以设置上结温下壳温、上壳温下结温等控制策略。

与焊接型 IGBT 器件功率循环实验类似，压接型 IGBT 器件的功率循环也可以考虑采用上述控制策略，因此在上位机的程序设计与平台的硬件设计中应尽可能考虑上述控制策略的要求。由于恒定耗散功率控制策略对硬件要求高，实现起来耗时且作用不大，因此，本节所提出的平台设计不考虑这种控制策略。

2. 上位机控制程序设计

在实验中，饱和压降通过电路测量，由采集卡 NI USB-6356 采集；温度通过 K 型热电偶测量，由采集卡 NI 9214 采集。可编程直流电源通过网线与上位机连接，使用 LabVIEW 程序可实现远程控制，工作在电流源模式。上位机能实现对直流电源和驱动的控制、数据采集和存储以及故障情况时的紧急停止，LabVIEW 程序设计的前面板如图 7.23 所示。设计的程序有五种控制策略可供选择，分别是恒定结温波动、恒定壳温波动、上结温下壳温、上壳温下结温和恒定导通/关断时间，且温度限制或时间限制可自由设置。

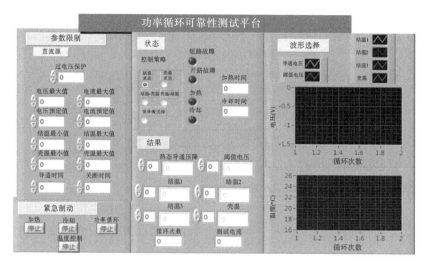

图 7.23　上位机控制程序的前面板

7.4　压接型 IGBT 器件功率循环测试

基于设计的功率循环测试平台进行压接型 IGBT 器件功率循环测试，测试结果如下。

1. 实验 1

功率循环实验 1 采用 1200N 的夹具压力，设定结温下限为 30℃，上限为 140℃，设定加热电流为 85A，循环次数与热态饱和压降关系如图 7.24 所示。

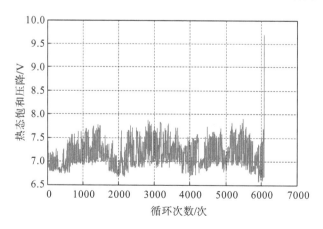

图 7.24　功率循环实验 1 循环次数与热态饱和压降的关系

图 7.24 显示了功率循环实验 1 中模块循环 5000 次后的热态饱和压降，模块在第 6063 次循环时压降突然上升，压降超过了程序设定的上限值，上位机停止了循环。取出芯片在显微镜下观察的结果如图 7.25 所示。

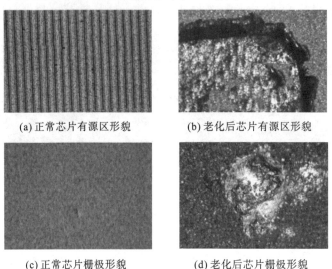

(a) 正常芯片有源区形貌	(b) 老化后芯片有源区形貌
(c) 正常芯片栅极形貌	(d) 老化后芯片栅极形貌

图 7.25　功率循环实验 1 芯片显微镜观察结果

功率循环后，芯片表面出现了明显的金属化重建的过程，下钼片边角处对应的芯片位置则出现了一定程度的凹陷，这是导致压降突然上升的原因。

2. 实验 2

为了证明实验 1 结果的重复性，设计了同样条件温度波动的加速老化实验，功率循环实验 2 采用 1200N 的夹具压力，设定结温下限为 30℃，上限为 140℃，设定加热电流为 70A，循环次数与热态饱和压降关系如图 7.26 所示。

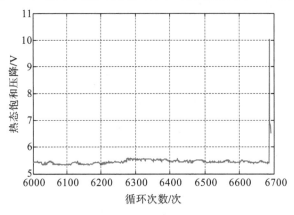

图 7.26　功率循环实验 2 循环次数与热态饱和压降的关系

　　图 7.26 显示了功率循环实验 2 中模块循环 6000 次后的热态饱和压降，模块在第 6688 次循环时压降突然上升，压降超过了程序设定的上限值，上位机停止了循环。取出芯片在显微镜下观察的结果如图 7.27 所示。实验 2 的结果与实验 1 的结果一致。

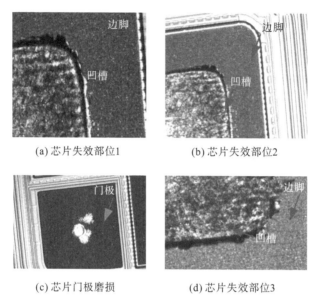

(a) 芯片失效部位1　　　　　　　　(b) 芯片失效部位2

(c) 芯片门极磨损　　　　　　　　(d) 芯片失效部位3

图 7.27　功率循环实验 2 芯片显微镜观察结果

　　对芯片表面进行电子显微镜扫描，扫描结果如图 7.28 所示。

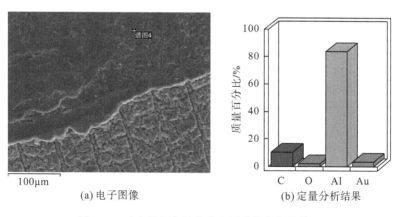

(a) 电子图像　　　　　　　　(b) 定量分析结果

图 7.28　功率循环实验芯片电子显微镜扫描结果

　　元素定量分析结果（图 7.28（b））显示芯片表面有碳、氧、铝、金四种元素。由于没有碳源，电子扫描的元素分析较难区分同族元素，图中的碳很可能是与其同族的芯片表面的硅元素。由于电子扫描元素时需要导电，故扫描前在芯片表面喷了一层金,这是金元素的来源。也就是说,功率循环后芯片表面主要有硅、氧、铝元素,其中铝元素最多(芯片表面镀铝),氧元素最少(来源很可能是二氧化硅),芯片表面与下钼层接触的区域中氧化情况并不严重,氧化可能不是模块饱和压降上升的原因。

通过测量压接型 IGBT 模块的栅极电阻发现,功率循环前栅极电阻大约为 100000Ω,功率循环后栅极电阻大约为 103Ω,说明栅极出现了损坏。图 7.29 为功率循环前后 V_{ge}=10V 时模块 I_c-V_{ce} 关系图,其中曲线 1 为功率循环前置于单面散热夹具时测量得到的数据(由于导线有电阻,故压降偏大);曲线 2 为功率循环前置于双面水冷夹具中测量得到的数据,两者之间差距很小,说明双面水冷夹具加压时没有损坏芯片;曲线 3 为功率循环后双面水冷夹具中测量得到的数据,尽管在 10V 时芯片没能完全导通,但比较功率循环前后的数据可以发现,芯片上的导通电阻明显增大,这说明硅芯片被损坏了。

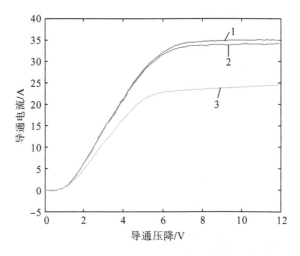

图 7.29 1200N 功率循环实验前后 I_c-V_{ce} 关系图(V_{ge}=10V)

通过对实验参数变化和物理微观现象进行分析,并将上述实验结果与已知的压接型 IGBT 模块失效机理结合起来,得到单芯片压接型 IGBT 模块的主要失效模式是微动磨损和栅氧化层损坏,微动磨损是压接型 IGBT 模块长时间运行的主要失效模式,当器件老化程度较高时栅氧化层发生损坏,因为压接型 IGBT 芯片表面在功率循环中受到下钼片的挤压,在不断的循环过程中由于横向、纵向的微动位移使得硅材料表面的金属氧化层以及芯片内部的硅材料被破坏,从而使饱和压降上升。随着材料的老化,器件压降会不断呈阶梯式上升,如果保持电流始终恒定,过大的功率会使得芯片在瞬间烧毁。

7.5　本　章　小　结

本章首先阐述了功率循化加速老化的实验原理。随后，说明了由于焊接型 IGBT 器件与压接型 IGBT 器件封装形式不同，需要独特的硬件设计，并通过封装设计、夹具设计、电路设计、测量及水冷系统设计完成了硬件设计。接着，参考焊接型 IGBT 模块功率循环实验平台，通过老化实验方案设计、上位机控制程序设计完成了软件设计。最后，对功率循环后的芯片进行了研究，通过对实验参数变化和物理微观现象进行分析，并将实验结果与已知的压接型 IGBT 模块失效机理结合起来。实验结果表明单芯片压接型 IGBT 模块的主要失效模式是微动磨损和栅氧化层破坏，微动磨损是压接型 IGBT 模块长时间运行的主要失效模式，当器件老化程度较高时栅氧化层发生损坏，因为压接型 IGBT 芯片表面在功率循环中受到下钼片的挤压，在不断的循环过程中由于横向、纵向的微动位移使得硅材料表面的金属氧化层以及芯片内部的硅材料被破坏，因此饱和压降上升。

第8章　压接型 IGBT 器件短路失效及耐久性测试

作为柔性直流输电换流阀的关键器件，压接型 IGBT 器件凭借其独特的失效方式——短路失效，为换流阀在故障下运行提供了重要保证。由于压接型 IGBT 器件的封装方式不同于传统焊接型 IGBT 器件的封装方式，其失效机理与可靠性的研究方法也不相同。柔性直流输电换流阀在设计时，为了防止局部损伤影响整个系统，一般在系统中都设计有冗余模块。当某一模块失效时，电压会分配给系统中正常运行的模块，失效的模块也能够承担负载电流。在上述条件下，系统需要失效芯片形成稳定的短路失效模式，从而可以维持运行到下次系统检修。近年来，针对压接型 IGBT 器件短路失效的相关研究鲜有报道，但短路失效过程决定了整个系统的耐久性。因此，短路失效过程的研究对于压接型 IGBT 器件的可靠性具有重大意义。本章首先介绍短路失效测试平台的搭建过程，然后基于短路失效测试平台进行压接型 IGBT 器件短路失效测试，最后设计短路芯片的耐久性测试平台并基于该平台对短路芯片进行耐久性测试。通过上述三部分的研究内容，提出芯片短路失效的形成条件，并对短路芯片的耐久性进行详细分析。

8.1　短路失效实验平台

8.1.1　短路失效测试原理

短路失效的实验原理如图 8.1 所示。

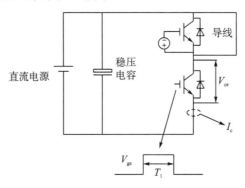

图 8.1　短路失效实验原理图

短路冲击测试实验主电路由被测单芯片压接型 IGBT、驱动电路、母线电容、直流电源组成，主要实现在大电压下 IGBT 开通瞬间出现大电流使压接型 IGBT 器件（PP-IGBT）出现瞬态高温，以此获得短路失效条件，其中被测 IGBT 处于关断状态。利用驱动板控制被测 IGBT 器件的导通和关断，直流母线电压为 1000V。为了提供稳定的母线电压，可以给整流器并联大容量的母线电容。

本节使用全球能源互联网研究院有限公司提供的单芯片压接型 IGBT 模块。在短路测试时，通过驱动控制 IGBT 的导通，使已充电的直流母线电容向 IGBT 放电，瞬态电流达 800A 以上，是额定电流的 10 倍以上。在该大电流下芯片开通瞬间高温，可以满足短路失效发生条件。

8.1.2　短路失效测试平台设计

实验平台使用的器件有红外线测温仪 SC7700M、直流电源 CE10000010T、高压差分探头 RP1100D、示波器 610zi 等。高压差分探头可减小在大电流情况下示波器采集的信号噪声以保证测量信息准确，直流电源负责给母线电容充电，以达到实验需要的电压值，最大能供给 1000V/1A 的直流电，可以满足实验需求。

设计的短路失效测试平台如图 8.2 所示。

图 8.2　短路失效测试平台

8.2　压接型 IGBT 器件短路失效测试

基于本节建立的短路失效测试平台进行压接型 IGBT 器件短路失效测试。在测试中实时监控单芯片压接型 IGBT 的导通压降、导通电流、驱动电压，以辨识器件是否发生失效。图 8.3 为采集到的在发生短路失效瞬间的波形，在 0s 时施加驱动电压，导通压降急剧下降，导通电流出现峰值，然后降到 150A 左右；在 800μs 时关断驱动电压，IGBT 在发生关断的几微秒时间内芯片栅极失控，导通压降急速下降为零，导通电流迅速上升达到 600A 以上。

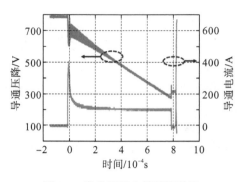

图 8.3　发生短路失效瞬间波形

对已发生失效的 IGBT 器件进行电学测试,在不加门极驱动的情况下,导通压降 V_{ce}=1V 时导通电流 I_c=1A,在施加门极驱动 V_{ge}=−5V 时,导通压降与导通电流都未发生变化,这说明 IGBT 发生短路失效且门极信号已无法控制器件的关断。

下面从 IGBT 元胞层次分析 IGBT 器件发生栅极失控以及出现过电流现象的原因。

如图 8.4 所示,图 8.4(a) 为本节使用的压接型 IGBT 元胞结构图,即 NPT 型 IGBT,图 8.4(b) 为 IGBT 等效电路图。从图 8.4(a) 中可以看出,从集电极的 P 型重掺杂衬底向漂移区方向注入的空穴电流有两个流通路径:一条是直接从 N 型漂移区直接流入 P 型重掺杂区,然后从发射极流出,也就是图中 I_{h1} 的流向,另一条是通过 N 型重掺杂区下面的区域再通过发射极流出,也就是图中 I_{h2} 的流向,而由于 N 型重掺杂区的下方区域寄生有电阻 R_w,空穴电流 I_{h2} 便会产生压降 $I_{h2}R_w$。当 $I_{h2}R_w > V_{bi}$ 时,NPN 晶体管将会导通,进而满足两个寄生晶体管 PNP 和 NPN 的共基电流放大系数之和大于等于 1。此时,就算 N 型金属物-氧化物-半导体 (N-metal-oxide-semiconductor,NMOS) 管不导通,但 C-E 端的电压很小且存在大电流流通,已经无法由 NMOS 控制关断,IGBT 即发生了闩锁现象,这与短路实验现象吻合。在闩锁条件下,电子电流急剧升高,会造成器件的局部热击穿。

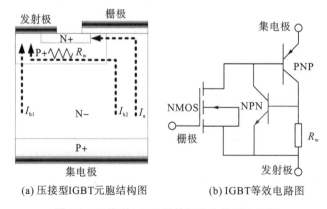

(a) 压接型IGBT元胞结构图　　　　　(b) IGBT等效电路图

图 8.4　压接型 IGBT 器件短路失效原因分析

本节中短路失效的表现和闩锁现象接近，一方面是由于空穴电流过大，另一方面是 IGBT 在 800μs 的短路时间里实现了热积累，温度也对闩锁现象的产生做出"贡献"。

将短路失效的 IGBT 芯片进行光学显微镜扫描如图 8.5 所示，图 8.5 (a) 为短路失效 IGBT 芯片，图 8.5 (b) 为芯片失效部位放大，其中图 8.5 (c) 为 (b) 中 1 所在区域，是芯片靠近失效区域的正常区域，其中图 8.5 (d) 为 (b) 中 2 所在区域，是 IGBT 芯片失效区域。

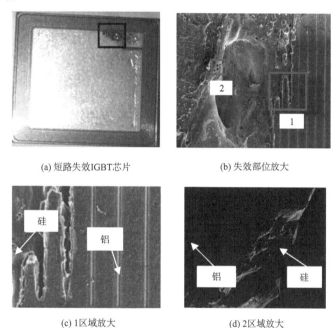

(a) 短路失效IGBT芯片　　　　　　　　(b) 失效部位放大

(c) 1区域放大　　　　　　　　　(d) 2区域放大

图 8.5　IGBT 芯片光学显微镜观测结果

采用能谱分析仪分别对芯片正常区域与芯片击穿区域做成分分析，分析结果分别如图 8.6 和图 8.7 所示。

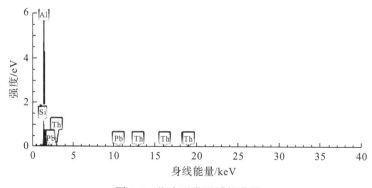

图 8.6　芯片正常区域能谱图

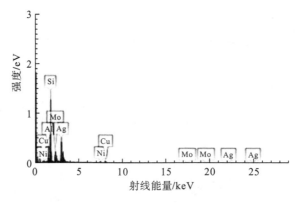

图 8.7 芯片击穿区域能谱图

对芯片正常区域与芯片击穿区域的能谱分析结果进行统计,统计结果如表 8.1 所示。

表 8.1 芯片不同区域成分对比

元素	芯片正常区域质量分数/%	芯片击穿区域质量分数/%
Al	64.18	9.70
Si	30.70	32.45
Pb	4.49	—
Th	0.63	—
Ni	—	1.77
Cu	—	2.46
Mo	—	14.37
Ag	—	39.25

能谱分析结果显示,芯片正常区域铝成分占 64.18%,硅成分占 30.70%。这是由于 IGBT 芯片与发射极钼层接触表面镀了一层铝,在放电瞬间铝与氧发生了电化学反应。硅的出现说明该区域已经发生铝-硅反应出现溢出;能谱分析仪结果显示,芯片击穿区域硅成分占 32.45%,铝成分占 9.7%。硅和铝元素比例发生的互换,说明实际发生短路的区域中硅元素已经完全溢出,该区域的铝材料进入硅芯片以内形成高电导率的合金,从而使 IGBT 芯片发生短路失效。

由短路实验结果可知,压接型 IGBT 器件短路失效的主要原因是大电流冲击。首先,开通瞬间产生大电流冲击,在极短的时间内使 IGBT 芯片表面产生高温并达到硅铝合金发生扩散反应的条件。随后,在易失效区域某处产生短路失效点,通过电子显微镜分析,该区域铝含量变少且硅含量变多,证明该区域已发生电化学反应。最终,在短路失效点 IGBT 完全短路失效,门极失去了控制 IGBT 开通关断的能力。实验在一定程度上证明了压接型 IGBT 器件失效的主要方式为短路失效,并且探究了短路失效出现的原因,为压接型 IGBT 器件的失效机理研究提供了理论依据。

图 8.8 分别为三组实验中短路失效后的芯片。可以看出其失效点全部集中在 IGBT 芯片与下钼层接触的边缘处。本节基于测试器件的结构与实验条件对单芯片进行了有限元仿真并提取其电-热-机械场分布,如图 8.9 所示,以研究芯片失效位置一致性的原因。

(a)　　　　　　　(b)　　　　　　　(c)

图 8.8　短路失效芯片

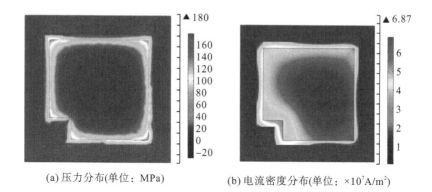

(a) 压力分布(单位:MPa)　　　　(b) 电流密度分布(单位:$\times 10^7 \mathrm{A/m^2}$)

(c) 温度分布(单位:℃)

图 8.9　芯片表面电-热-机械场分布

对芯片表面的电-热-机械场分布结果进行分析，可以得出以下结论：

(1) 图 8.9(a) 表明当 IGBT 器件达到热稳态时，芯片表面压力分布不均匀。IGBT 器件受到夹具压力的作用，由于上钼片面积小于集电极面积，且下钼片面积小于芯片面积，造成上钼片上表面和下钼片上表面边缘 von Mises 应力较大，器件集电极和芯片边角向下翘曲。芯片表面所受压力不均匀，在下钼片轮廓线边缘所受的应力值最大，为 180MPa。

(2) 图 8.9(b) 表明当 IGBT 器件达到热稳态时，芯片表面电流密度分布不均匀。在芯片有源区表面边缘未与下钼片接触，区域电流密度较大，最大值出现在下钼片轮廓线的栅极边角处，其电流密度高达 68.7A/mm^2。因此，栅极边角处最容易出现局部过热和绝缘失效。

(3) 图 8.9(c) 表明当 IGBT 器件达到热稳态时，芯片表面温度分布不均匀。芯片温度最高点位于芯片有源区表面靠近栅极区边角处而不是芯片中心区域。因为芯片有源区的面积比下钼片大，有源区边缘位置没有与下钼片直接接触散热，会产生一定的热累积。芯片温度最低点位于芯片终端区表面边缘，芯片的整体温度差高达 24.819℃。

对基于稳态仿真得到的电-热-机械分布结果进行分析后，可以得出如下结论：在器件长期运行过程中，最容易失效的部位就是芯片的边角处。由于短路失效实验的高电流瞬时冲击，加之电流本身的趋肤效应，会使得器件边角处电流密度最大。因此，从理论上分析得出芯片的边角处是芯片最易失效的部位，该结论与实验结果形成了很好的对应。

8.3　压接型 IGBT 器件短路失效耐久性测试

本节借用研究芯片可靠性的功率循环实验的思路，模拟实际工况进行短路芯片的加速老化实验，以研究短路失效后的芯片能否继续应用于电网系统、短路失效后的芯片在长期应用过程中产生的失效过程，以及短路失效后的芯片最终的失效表现三大问题。

8.3.1　短路芯片的耐久性实验平台

参考焊接型 IGBT 器件功率循环实验的电路，并结合压接型 IGBT 模块自身的特点，本节设计压接型 IGBT 模块短路芯片耐久性实验主电路，该电路主要由被测 IGBT 模块、可编程直流电源、NI 电压温度采集卡等组成，如图 8.10 所示。

在该电路中，可编程直流电源由上位机的 LabVIEW 软件程序控制，LabVIEW 软件通过采集卡反馈输入的电压和温度信号来决定电源的开通关断时间并记录电压和温度的变化过程，以用于后期老化过程的分析。电感的作用是保护 IGBT 模块不会因电流突变而损坏，与电感并联的反向二极管保证可编程直流电源关断时电感可以通过其进行放电。

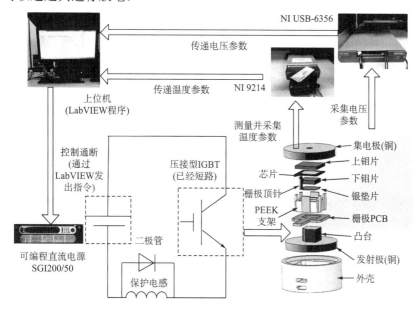

图 8.10　压接型 IGBT 模块短路芯片的耐久性实验主电路

根据上述实验原理，搭建如图 8.11 所示的短路芯片的耐久性实验平台，其中型号为 NI USB-6356 的采集卡用于采集电压信号，NI 9214 采集卡用于采集温度信号，短路的压接型 IGBT 芯片通过特制的双面水冷夹具夹紧。

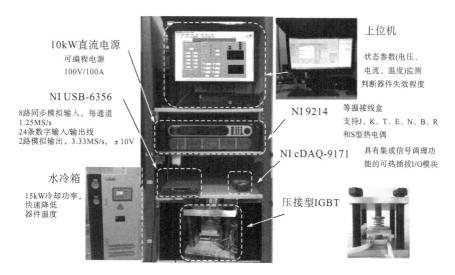

图 8.11　短路芯片的耐久性实验平台

通常来说，IGBT 的老化实验存在以下几种策略：

(1)恒定导通、关断时间。这种控制策略严格控制了 IGBT 模块的导通和关断时间，IGBT 模块的老化使得结温不断升高。由于没有加入任何补偿机制，该策略是控制条件最为严格的控制策略。

(2)恒定壳温波动。这种控制策略通常使用热电偶测量模块的壳温，并基于壳温来改变导通和关断时间以进行调整。一种可行的方法是给实验对象加装冷却装置，并用热电偶测量装置中冷却液的温度，冷却液温度的升高会导致开通时间的降低与关断时间的增加，反之亦然，以此保证恒定壳温波动。另一种可行的方法是固定驱动电路的开关频率，当壳温高于设置的最高壳温时直接关断电源直到壳温下降到设置的最低值。该策略考虑了壳温的限制问题，保证温度波动的恒定，但同时引入了对模块老化的补偿。

(3)恒定耗散功率。这种控制策略同样以固定的驱动频率为基础，外加设备以得到恒定的功率损耗。根据 IGBT 的特性曲线，改变门极电压可以改变集电极电流，所以只要控制好门极电压就可以实现恒定耗散功率。

(4)恒定结温波动。这种控制策略可以通过在恒定导通、关断时间的基础上，在超出设定的温度范围时调节电源供电的情况来实现。使用该控制策略可以完全补偿模块的老化。因此，采用该控制策略进行实验得到的循环次数应该是四种策略中最多的。

根据失效机理分析及参考焊接型 IGBT 器件的功率循环实验可知，短路芯片的老化初始阶段，由于芯片电阻相对较高，为了以最快速的方式获得模块在失效过程中的主要失效方式、薄弱环节及各种参数的变化情况，以研究模块的失效机理、特征参数，以及模块材料、尺寸对器件可靠性的影响，本节不希望引入对模块老化的补偿作用，故采用恒定导通、关断时间的控制策略，通入电流虽然高于额定值但不宜太大，以防止芯片在还没经历老化过程时便瞬间失效。

8.3.2 短路芯片的耐久性测试

对短路的 IGBT 芯片进行耐久性测试，测试结果如图 8.12 所示。

对短路耐久性实验结果分析可知，芯片的老化过程分为三个阶段。

第一阶段：在恒定导通、关断时间的策略下(开通 60s，关断 40s)对短路的 IGBT 芯片进行老化实验，经过一段时间的加速老化实验，IGBT 芯片电阻开始急剧减小。将芯片放在光学显微镜下观察发现，芯片失效范围从初始短路点沿芯片与下钼层接触边缘开始蔓延，从而导致器件电阻降低、结温下降。

第二阶段：由于芯片电阻降低，其分得的电流将不断增大，所以为了模拟实际过程，开始加大老化电流到 180A，这一过程中，最大结温从下降阶段开始回升。经过长达一个月的老化实验后，芯片电阻开始有所回升。此时观察芯片表面可以发现，在原有失效点的基础上，芯片的失效程度加剧。

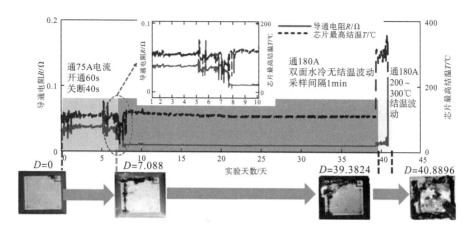

图 8.12　短路耐久性实验结果

　　第三阶段：由于第二阶段老化时间过长，说明老化强度不够，为了进一步加快其老化速度，将策略调整到恒定温度波动的控制策略，这一过程温度波动的最低值提升至 200℃的高温并且伴随 100℃的波动，这一策略大大加快了 IGBT 的老化速度。在这一策略仅进行了一天之后，芯片电阻开始急剧上升，并最终演化为开路。通过电子显微镜扫描后发现，芯片和上下钼层黏合在一起，芯片大部分已碳化。因此，开路的原因极有可能是芯片的碳化以及芯片的部分气化。

　　经分析，压接型 IGBT 器件从短路演化为开路的过程如下：

　　(1)初始失效会在硅芯片内部形成短路，但短路仅局限于很小的区域。

　　(2)由于初始短路通道的电导率较低，流过 IGBT 芯片的短路电流会产生较大的功率损耗和热量，IGBT 芯片的硅材料以及表面铝金属层开始熔化，由于钼材料的熔点是 2623℃，比硅材料熔点(1414℃)高，在这一阶段钼片暂时不会熔化。

　　(3)随着 IGBT 芯片表面硅熔化区域的逐渐增大、短路电流造成的损耗及热效率降低，当温度降低至硅熔点温度以下时，会达到最终的稳定阶段。由于 IGBT 芯片内部 PN 结被破坏，熔化区域不能阻断电压，短路电流产生的熔化通路的电导率与 N 型掺杂硅接近。

　　(4)由于微动磨损的作用，器件的接触电阻、接触热阻逐渐增大。当增大到一定的阶段时，将发生硅片气化，进而发生开路失效。

8.4　本　章　小　结

　　本章首先介绍了短路失效测试平台的搭建过程，然后基于短路失效测试平台进行了压接型 IGBT 器件短路失效测试，最后设计了短路芯片的耐久性测试平台并基于该平台对短路芯片进行了耐久性测试。通过上述三部分的研究内容，提出了芯片短路失效的形成条件，并对短路芯片的耐久性进行了详细分析。本章重点研究了 IGBT 的短路失效特性，对从其失效模式的产生到短路芯片的老化以及走向最后的开路失效的全过程进行了系统研究，得出了以下结论：

(1)在典型的短路实验中，过长的短路时间会造成器件温度过高，局部发生硅铝反应，从而导致局部工作点短路。通过单芯片的仿真分析得出，芯片与下钼层的接触边缘最容易发生失效，该结论和三组实验结果相符。

(2)将短路芯片模拟实际工况，进行老化耐受实验。可以看出实验前期芯片短路范围扩大，短路电阻减小，并在后期老化实验中保持长期稳定。经过长时间的老化实验，由于微动磨损的影响，器件的导通电阻逐渐升高并最终走向开路。

第 9 章　银烧结压接型 IGBT 器件的可靠性研究

压接型 IGBT 器件由多层封装组件构成，在器件工作时各层封装组件依靠外部压力实现组件接触界面之间的电热传导，由于各层组件材料的热膨胀系数不匹配，组件间的热膨胀及变形差异在交变的电热应力作用下逐渐扩大，减小了组件界面之间的有效接触面积，影响器件工作时的电热传导，从而加速压接型 IGBT 器件的疲劳失效[35]。纳米银焊膏具有高导电率、高导热性和优良的延展性，且熔点相比传统焊料大幅提高，采用纳米银烧结封装的焊接型 IGBT 模块的散热性能大幅提升且可靠性提高[36]。针对压接型 IGBT 器件老化后组件间有效接触面积减小影响散热的问题，国内研究人员利用纳米银焊膏将 IGBT 芯片和集电极钼层烧结在一起，成功开发出银烧结压接型 IGBT 器件 (SP-IGBT)[37,38]，测试结果表明，采用纳米银烧结封装的 IGBT 器件热阻降低了 15.8%，同时其动态电性能与同等功率等级的商用压接型 IGBT 器件一致，显示出纳米银焊膏在压接型功率模块的封装应用中具有明显优势和广阔的市场前景。然而，压接型 IGBT 器件的可靠性受到内部电热应力和外部压力的共同影响，采用银烧结压接型 IGBT 器件可能会带来新的可靠性问题；同时，由于压接型 IGBT 器件工程应用数量较少且时间较短，缺乏可靠性数据支撑[39,40]，国产压接型 IGBT 器件的可靠性尚未得到验证，难以在工程中应用。因此，开展国产银烧结压接型 IGBT 器件的电-热-机械多物理场建模和疲劳失效分析对其可靠性评估具有重要的现实意义，为国产定制化高压大功率压接型 IGBT 模块的封装优化和规模化量产奠定基础。

9.1　银烧结压接型 IGBT 器件物理场建模及仿真

9.1.1　封装结构及参数

银烧结压接型 IGBT 器件是利用纳米银焊膏作为芯片界面连接材料，通过烧结工艺将集电极钼层和 IGBT 芯片相互嵌合、连接成为一个整体，纳米银焊膏的制备方法及烧结工艺见文献[36]，烧结之后集电极钼层、纳米银焊料层和 IGBT 芯片将成为一个整体，银烧结压接型 IGBT 器件的封装结构与全直接压接型 IGBT 器件一致，如图 9.1(a) 所示，封装形式如图 9.1(b) 所示，3.3kV/50A 单芯片银烧结压接型 IGBT 器件的实物如图 9.1(c) 所示，图 9.1(c) 中数字标号与图 9.1(a) 一一对应。

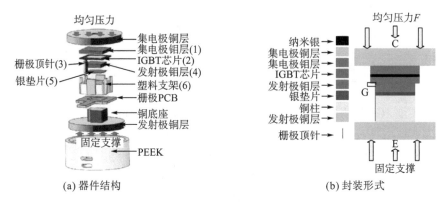

(a) 器件结构　　　　　　　　　　　　　(b) 封装形式

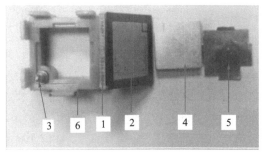

(c) 器件实物

图 9.1　3.3kV/50A 单芯片银烧结压接型 IGBT 器件结构示意图和实物图

国产 3.3kV/50A 银烧结压接型 IGBT 器件的芯片和各层封装组件的结构尺寸参数如表 9.1 所示，封装材料对应的物理属性参数如表 9.2 所示。

表 9.1　3.3kV/50A 银烧结压接型 IGBT 器件几何尺寸参数

封装组件	材料	表面积/mm²	厚度/mm
集电极	铜	696.67	4
上钼层	钼	184.87	1.63
芯片	硅	184.87	0.57
焊料	纳米银	184.87	0.05
下钼层	钼	84.75	2.03
垫片	银	94.59	0.2
凸台	铜	79.13	7.12
发射极	铜	696.67	3.83

表 9.2　压接型 IGBT 器件封装材料物理属性参数[41-44]

材料	密度 ρ /(kg/m³)	泊松比	热膨胀系数 /10^{-6}K⁻¹	杨氏模量 /GPa	导热系数 k/(W/(m·K))	恒压热容 c/(J/(kg·K))	电阻率 /(Ω·m)
钼	10220	0.30	4.8	312	138	250	5.29×10^{-8}
银	10500	0.37	18.9	83	429	235	1.62×10^{-8}
铜	8960	0.35	17	110	400	385	1.67×10^{-8}
硅	2329	0.28	2.6	170	130	700	2.52×10^{-4}
铝	2700	0.33	23	70	238	900	2.65×10^{-8}
PEEK	1390	0.4	50	4	0.25	1340	4.9×10^{14}
纳米银	8500	0.25	19.5	50	160	235	1.62×10^{-8}

9.1.2　物理场建模

银烧结压接型 IGBT 器件工作时内部的电-热-机械应力场之间相互耦合作用关系与 3.1.2 节全直接压接型 IGBT 器件一致，此处不再赘述。

银烧结压接型 IGBT 器件是利用纳米银焊膏将集电极钼层和 IGBT 芯片通过烧结工艺、冶金反应互联成为一个整体，纳米银焊膏经过烧结加工后，其电热特性已不同于纯银材料[11]，故建模时需要考虑纳米银焊料层的材料属性及网格划分以表征烧结封装对压接型 IGBT 器件电热性能的影响。

文献[45]和[46]指出，纳米银焊膏烧结之后在交变电热应力下产生的变形有弹性变形，也有与温度和时间相关的非弹性变形(塑性变形、蠕变变形)，其中，弹性变形在电热应力消失后可以恢复初始状态，而非弹性变形则是不可逆的。

目前，被广泛用于功率模块中焊料层力学性能描述的是 Anand 本构模型[47]，该模型可以同时表征电热应力作用下纳米银焊料层的弹性变形和非弹性变形，具有如下两个特征：①在应力空间内没有明确定义屈服面，因此在变形过程中不需要加载或卸载准则，一切非零应力作用均会产生塑性变形。②采用单一内部状态变量来描述材料内部状态对塑性流动的阻抗。内部变量(或称变形阻抗)用 s 标记，具有应力量纲，表现为对非弹性应变各向同性的阻抗。塑性应变率方程的函数形式如下：

$$\dot{\varepsilon}_{\mathrm{p}} = f(\sigma, s, T) = A\exp\left(-\frac{Q}{RT}\right)\left[\sinh\left(\xi\frac{\sigma}{s}\right)\right]^{1/m} \tag{9.1}$$

其中，$\dot{\varepsilon}_{\mathrm{p}}$ 为非弹性应变速率；A 为常数；Q 为活化能；m 为应变率灵敏指数；ξ 为应力乘子；R 为气体常数；T 为温度。内部状态变量 s 作为一种等效应力进入塑性应变率方程，其演化方程可表示为

$$\overline{s} = \left\{h_0\left|1-\frac{\check{S}}{s_0}\right|^a \cdot \mathrm{sign}\left(1-\frac{s}{s^*}\right)\right\}\dot{\varepsilon}_{\mathrm{p}} \tag{9.2}$$

$$s_0 = \check{S} \left[\frac{\dot{\varepsilon}_\mathrm{p}}{A} \exp\left(\frac{Q}{RT} \right) \right]^n \tag{9.3}$$

其中，h_0 为硬化/软化常数；a 为与硬化/软化相关的应变率敏感指数，$a > 1$；s_0 为给定温度和应变率时内部变量的饱和值；$\check{S}$ 为饱和系数；n 为变形阻抗饱和值的应变敏感率指数。由上述黏塑性 Anand 本构方程可知，确定 A、Q、$\check{S}$、h_0、m、n、ξ、a、s_0 这 9 个参数即可表征纳米银焊料的热力学性能。

压接型 IGBT 器件封装组件较多，且组件尺寸差异较大，网格划分过细不利于计算仿真，在确保提取结果有效的前提下简化仿真计算和建模过程，基于文献[48]中针对同等功率等级全直接压接型 IGBT 器件有限元建模所做的假设，对银烧结压接型 IGBT 器件进行有限元建模时做如下假设：

(1)因栅极 PCB、栅极顶针、高分子聚合物外壳(PEEK)等结构对 IGBT 器件电热性能影响较小，建模时忽略相关组件；同时，忽略器件内部的倒角、圆角等微结构，避免有限元网格划分过细而增加计算求解时间。

(2)不考虑器件工作过程中接触压力的瞬态变化对组件界面接触电阻和接触热阻的影响，假定各接触面的接触电导率和接触传热系数恒定。

(3)不对散热器和夹具进行建模，通过在 IGBT 器件的集电极和发射极铜层表面设置等效对流传热系数代替水冷散热器作用，在器件集射极铜层表面分别设置边界力载荷和固定支撑模拟夹具施加压力的作用。

(4)由于银烧结压接型 IGBT 器件的纳米银焊料层在循环交变的电热应力作用下会出现塑性应变和蠕变疲劳，将纳米银焊料层视为非线性材料，同时，本节不研究纳米银焊料的材料配比及烧结工艺对纳米银焊料层疲劳老化的影响，故采用文献[47]中所给纳米银焊膏 Anand 模型的对应参数来表征焊料层的物理属性，分析 IGBT 器件工作时纳米银焊料层的电热性能及疲劳失效过程。纳米银焊料层 Anand 模型的物理属性参数如表 9.3 所示。

表 9.3　纳米银焊料层 Anand 模型物理属性参数

A/s^{-1}	$Q/(\mathrm{J/mol})$	$\check{S}/\mathrm{MPa}$	h_0/MPa	s_0/MPa	m	n	ξ	a
9.81	47442	101.7	14600	2.93	0.6572	0.00326	12	1

银烧结压接型 IGBT 器件纳米银焊料层厚度一般在 10～100μm，本节所用国产银烧结压接型 IGBT 器件纳米银焊料层的厚度为 50μm，故建模时将该层厚度设为 50μm。因焊料层的厚度远小于集电极钼层和 IGBT 芯片的厚度，为了使有限元仿真结果更加精确，需要对纳米银焊料层、集电极钼层和 IGBT 芯片分别进行网格划分。

基于 IGBT 芯片和各层组件的几何尺寸以及封装材料的物理属性参数，并结合电-热-机械多场耦合数学模型建立了银烧结压接型 IGBT 器件的有限元模型，其整体网格划分结构如图 9.2(a) 所示；考虑烧结封装的特点，利用随机函数模拟纳米银焊料烧结后存在的初始空洞，因焊料内嵌空洞网格划分过细会出现无法求解的问题，建模时空洞全部设为贯穿型的通孔，将焊料层和 IGBT 芯片进行单独网格划分，将纳米银焊料层进行自由四面体网格划分，将焊料层与芯片、钼层的接触表面用自由三角形网格划分，完整的网格包含 662486 个域单元、79762 个边界单元和 2546 个边单元，纳米银焊料层的初始空洞模拟如图 9.2(b) 所示，焊料层的有限元网格划分结果如图 9.2(c) 所示。

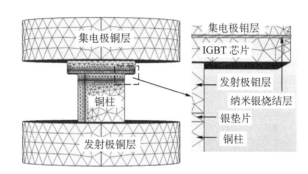

(a) 整体网格划分结构

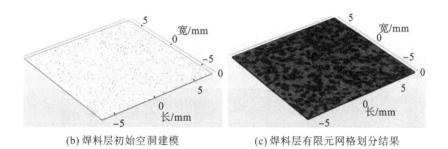

(b) 焊料层初始空洞建模　　　　　　(c) 焊料层有限元网格划分结果

图 9.2　银烧结压接型 IGBT 器件有限元模型

9.1.3　电热性能仿真

在有限元模型中，设置多物理场仿真边界条件如下：环境温度 $T_0=23℃$，在集电极铜层表面设置电流终端，通入恒定电流为 50A，将发射极铜层表面设置为接地，电势设置为零。压接型 IGBT 器件采用双面散热，本节将集电极和发射极侧带走的散热量视为一致，因压接型 IGBT 器件可靠性测试平台处于室内无风环境，故散射系数设置忽略了空气自然对流散热和辐射散热的影响，根据实验平台的水冷温度、流速、散热板与集射极间的接触面积，经过计算，将 IGBT 器件集电极和发射极铜层表面传热系数设为 $5000W/(m^2 \cdot K)$。同时，分别设置集电极铜层、集电极钼层、IGBT 芯片、发射极钼层、银垫片、凸台五个接触面间的热接触和电

接触，其他表面设置为热绝缘和电绝缘。将压接型 IGBT 器件的发射极铜层表面
设置为固定支撑，集电极铜层表面设置均匀压力载荷为1200N 以模拟夹具施加的
压力[49]，压接型 IGBT 器件的边界条件设置如图 9.3 所示，在 COMSOL 软件中对
所建模型进行多场耦合仿真过程如图 9.4 所示。

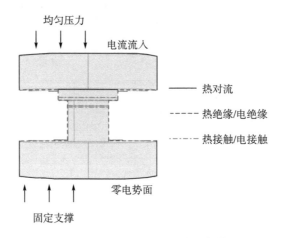

图 9.3　压接型 IGBT 器件的边界条件设置

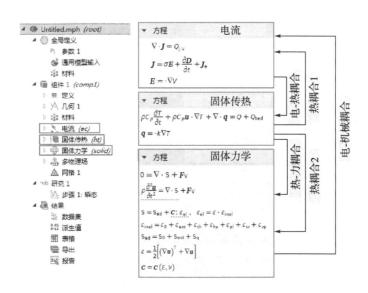

图 9.4　COMSOL 软件中电-热-机械多场耦合仿真过程

提取当仿真达到电热平衡稳态时银烧结压接型 IGBT 器件的导通压降、整体
温度及应力分布结果如图 9.5 所示。

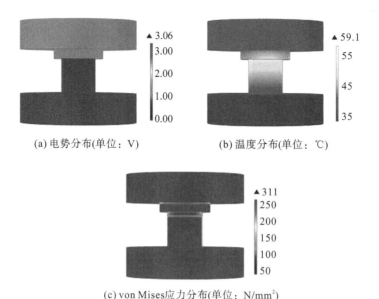

(a) 电势分布(单位：V)　　　　(b) 温度分布(单位：℃)

(c) von Mises应力分布(单位：N/mm²)

图 9.5　银烧结压接型 IGBT 器件电热应力分布

以上结果表明，在额定应力作用下，银烧结压接型 IGBT 器件的导通压降约为 3.06V，结温为 59.1℃，器件整体最大 von Mises 应力为 311N/mm²。

由于压接型 IGBT 器件由多层组件刚性叠压而成，不同组件材料承受的电热应力不一致且其疲劳老化速率存在差异，因此需要找出压接型 IGBT 器件电热应力的集中区域和薄弱层，重点分析烧结封装对压接型 IGBT 器件薄弱层电热应力的影响。基于稳态仿真结果提取了压接型 IGBT 器件各层组件表面的电热应力参数，结果如图 9.6～图 9.8 所示。

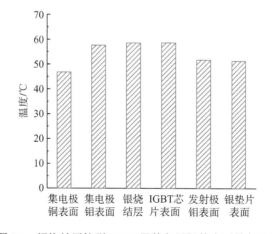

图 9.6　银烧结压接型 IGBT 器件各层组件表面最高温度

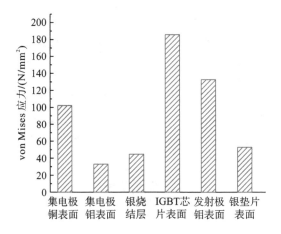

图 9.7　银烧结压接型 IGBT 器件各层组件表面最大 von Mises 应力

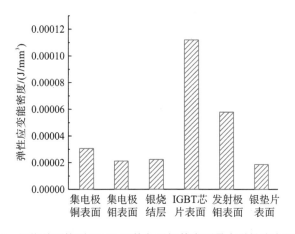

图 9.8　银烧结压接型 IGBT 器件各层组件表面最大弹性应变能密度

上述结果表明,烧结封装 IGBT 器件的整体温度(T)分布规律为 $T_{芯片}>T_{银烧结层}>$$T_{集电极钼}>T_{发射极钼}>T_{银垫片}>T_{集电极铜}$;IGBT 器件的整体 von Mises 应力(Fv)分布规律为 $Fv_{芯片}>Fv_{发射极钼}>Fv_{集电极铜}>Fv_{银垫片}>Fv_{银烧结层}>Fv_{集电极钼}$;IGBT 器件的整体弹性应变能密度(ESED)分布规律为 $ESED_{芯片}>ESED_{发射极钼}>ESED_{集电极铜}>ESED_{银烧结层}>ESED_{银垫片}>$$ESED_{集电极钼}$。

根据上述分析可得,烧结封装 IGBT 芯片表面的温度最高、承受的热-机械应力最大,其弹性应变能密度也最大,IGBT 芯片为整个器件的电热应力集中区,可以认定该区域为薄弱层,这与文献[14]中所得全直接压接型 IGBT 器件各层组件电热应力的分析结果一致,故进一步提取 IGBT 芯片表面的电热应力分布情况进行分析。电热平衡稳态时银烧结压接型 IGBT 芯片表面的电热参数结果如图 9.9 所示。

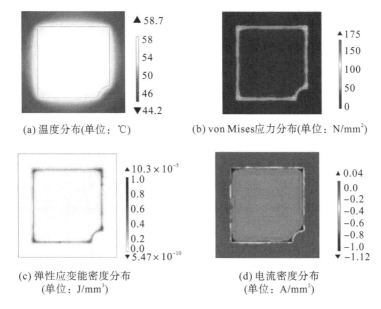

(a) 温度分布(单位：℃)　　　　　(b) von Mises应力分布(单位：N/mm²)

(c) 弹性应变能密度分布　　　　(d) 电流密度分布
(单位：J/mm³)　　　　　　　(单位：A/mm²)

图 9.9　银烧结压接型 IGBT 芯片发射极表面电热应力分布

从图 9.9 中可以看出，银烧结压接型 IGBT 芯片表面的最高温度为 58.7℃，芯片中心区域温度高于边缘温度；IGBT 芯片表面承受的最大 von Mises 应力为 175N/mm²，芯片发射极与下钼层接触的边缘区域承受的 von Mises 应力远高于其他区域，且芯片与栅极顶针接触缺口区域承受的应力最高；由于 IGBT 芯片的有源区小于整个芯片的面积，IGBT 芯片与发射极钼层相接触的边缘区域会出现电流分布不均的结果，导致四个边角区域出现过流的情况。

9.1.4　焊料疲劳对 IGBT 器件电热应力影响分析

相比于传统无铅焊料，纳米银焊料经过烧结之后，焊料层的致密性可达 95% 以上，空洞率大幅度减小，可靠性得到提升，在功率器件的封装应用中显示出了巨大的应用前景；然而，纳米银焊料烧结之后也会存在空洞和孔隙，且在循环交变的电热应力作用下，空洞数量会逐渐增多、尺寸逐渐增大，引起焊料层的空洞率逐渐上升，从而影响功率器件内部的电热应力分布和改变器件外部的电气特性，加速功率器件的疲劳老化失效过程。本节模拟纳米银焊料层的空洞分布、初始空洞发生位置、空洞数量变化及空洞率增加对银烧结压接型 IGBT 器件内部电热应力的影响，重点探究空洞对 IGBT 芯片表面电流分布的影响。

纳米银焊料层的空洞产生存在随机性，空洞分布形式主要有集中分布和随机分布两种，由于 IGBT 芯片的有源区小于焊料层的面积，随机分布又分为空洞在焊料层整体平面随机分布和空洞在 IGBT 芯片有源区对应的焊料层区域随机分布。

纳米银焊料层厚度为 50μm，有限元仿真中将纳米银焊料层的空洞统一设为穿孔圆形，不考虑焊料内嵌空洞，数量 100 个，尺寸为 0.05mm，模拟示意图如图 9.10 所示。

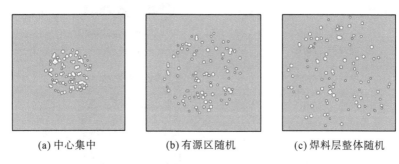

(a) 中心集中　　　　　(b) 有源区随机　　　　　(c) 焊料层整体随机

图 9.10　纳米银焊料层空洞分布模拟示意图

有限元模型多场耦合仿真边界条件设置如下：环境温度 T_0=23℃，集电极铜层通入恒定电流为 50A，压力载荷值设为 1200N，集电极和发射极铜层表面等效对流传热系数为 h=5000W/(m²·K)。器件电热应力提取结果如图 9.11 所示。

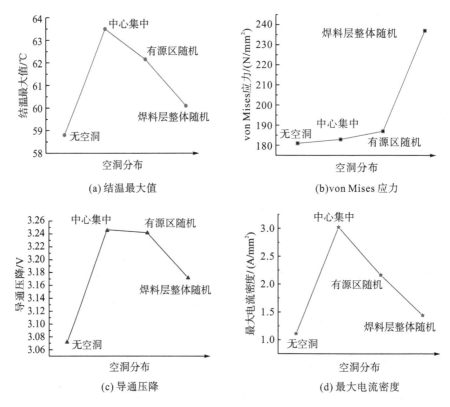

(a) 结温最大值　　　　　　　　　　(b)von Mises 应力

(c) 导通压降　　　　　　　　　　(d) 最大电流密度

图 9.11　纳米银焊料层空洞分布对 IGBT 器件内部电热应力的影响

图 9.11 表明，当空洞位于焊料层中心区域集中分布时，IGBT 器件的导通压降和芯片结温最高，芯片表面过流也最明显；空洞在焊料层整体随机分布时 IGBT 芯片表面的 von Mises 应力最大。

纳米银焊料经过烧结之后，空洞的产生存在随机性，为了分析早期空洞集中出现区域对 IGBT 器件电热应力的影响，考虑焊料层为中心对称的正方形，将空洞在焊料层中所处位置划分为四个区域进行仿真模拟，空洞数量设为 100 个，尺寸为 0.05mm，模拟方法如图 9.12 所示，电热应力提取结果如图 9.13 所示。

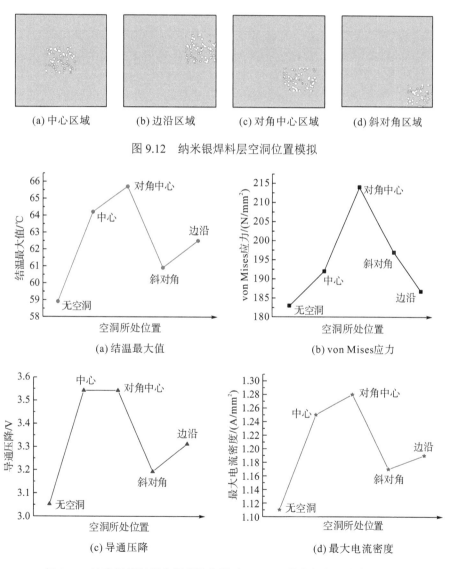

(a) 中心区域　　　(b) 边沿区域　　　(c) 对角中心区域　　　(d) 斜对角区域

图 9.12　纳米银焊料层空洞位置模拟

(a) 结温最大值

(b) von Mises 应力

(c) 导通压降

(d) 最大电流密度

图 9.13　纳米银焊料层空洞所处位置对 IGBT 器件内部电热应力的影响

　　结果表明，当初始产生空洞位于焊料层对角中心区域时，IGBT 器件的导通压降、芯片结温、von Mises 应力值均为最高，芯片表面过流也最严重，其次是空洞位于中心区域。分析原因如下：当焊料的对角中心区域出现空洞时，周围区域无法进行快速重新均流和散热，导致空洞对应的 IGBT 芯片表面过流比较严重，热量积聚无法及时传递出去，从而引起芯片结温增加。

　　纳米银焊料层在疲劳老化失效的早期阶段，循环交变应力作用会引起焊料层的空洞数量逐渐增多。因此，通过随机函数模拟焊料层空洞数量逐渐增多，模拟过程如图 9.14 所示，空洞尺寸为 0.05mm，器件内部电热应力结果如图 9.15 所示。

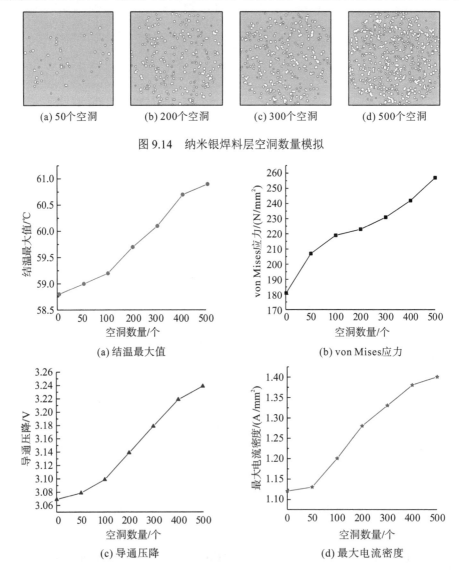

图 9.14　纳米银焊料层空洞数量模拟

图 9.15　纳米银焊料层空洞数量对 IGBT 器件内部电热应力的影响

　　由图 9.15 可以看出，随着焊料层的空洞数量逐渐增加，IGBT 器件的导通压降、芯片结温最大值、von Mises 应力值均逐渐增加，芯片表面的过流现象也越来越严重，过流区域主要位于空洞的边缘。当空洞数量大于 300 时，器件内部的电热应力参数急剧增加。

　　当纳米银焊料层的空洞数量达到一定值以后，在交变电热应力作用下，空洞之间会逐渐连接成为一个整体，形成大面积的空洞，引起焊料层空洞率突变。这里通过模拟空洞率上升的过程分析其对 IGBT 器件内部电热应力的影响。空洞率增大模拟过程如图 9.16 所示，IGBT 器件电热应力提取结果如图 9.17 所示。

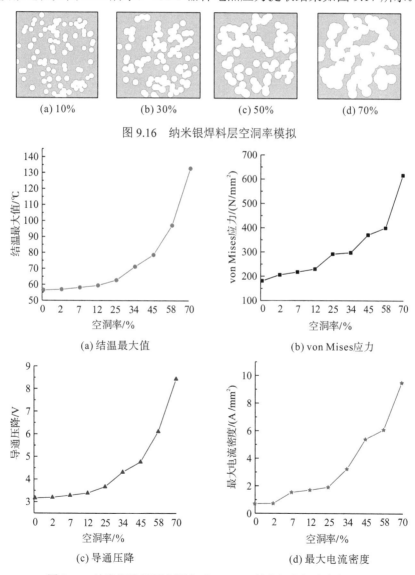

(a) 10%　　　　(b) 30%　　　　(c) 50%　　　　(d) 70%

图 9.16　纳米银焊料层空洞率模拟

(a) 结温最大值

(b) von Mises 应力

(c) 导通压降

(d) 最大电流密度

图 9.17　纳米银焊料层空洞率对 IGBT 器件内部电热应力的影响

图 9.17 表明，随着焊料层的空洞率逐渐增加，IGBT 器件的导通压降、芯片结温最大值、von Mises 应力值均逐渐上升，芯片表面的过流现象也越来越严重。当焊料层厚度为 50μm 时，焊料层空洞率小于 25%时，空洞对 IGBT 器件内部的电热应力参数影响较小，芯片过流现象也没有较大变化；当空洞率大于 30%以后，焊料空洞将引起 IGBT 器件的温度和导通压降快速增加，芯片过流也急剧明显；在额定工况、其他工作条件不变的情况下，空洞率达到 45%时，芯片结温已经增加 20℃，器件导通压降上升 50%。

综上，焊料层空洞集中分布对 IGBT 器件的导通压降和结温最大值影响最大；当焊料的对角中心区域出现空洞时，由于周围区域无法进行快速重新均流和散热，IGBT 芯片表面过流严重，热量积聚无法及时传递出去，从而引起芯片结温增加；同时，空洞数量和空洞率增加也会使得 IGBT 器件内部的电热应力逐渐上升，当空洞率大于 30%以后，焊料空洞将引起 IGBT 器件的温度和导通压降快速增加，芯片过流也更严重。

焊料层空洞演化过程中 IGBT 芯片集电极表面的电流密度分布如图 9.18 所示。

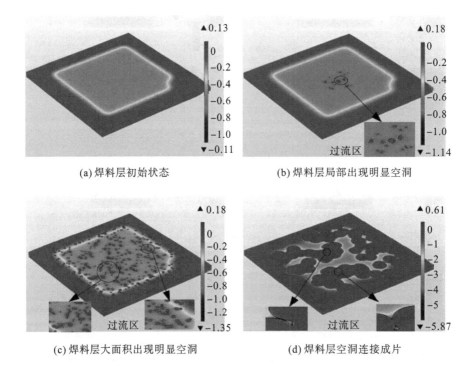

图 9.18　纳米银焊料层空洞对 IGBT 芯片集电极表面电流密度分布的影响(单位：A/mm^2)

银烧结压接型 IGBT 器件工作时，电流由集电极铜层经钼层流过纳米银焊料层后再通过 IGBT 芯片，当焊料层疲劳老化失效以后，电流流过焊料层时空洞区域将不会有电流通过。图 9.18 中的结果表明空洞边缘局部区域会出现较为严重的过流现象，且空洞密集区域芯片表面过流更明显，改变了 IGBT 芯片表面的电流分布和电热应力分布，从而影响 IGBT 器件的可靠性。

9.2　银烧结压接型 IGBT 器件疲劳失效模拟

9.2.1　疲劳失效模拟

　　压接型 IGBT 器件在工程应用时，不同的工况和散热条件下，芯片的结温波动值 (ΔT_j) 和结温最大值 (T_{jmax}) 差异较大，不同工况下 IGBT 器件的疲劳失效寿命也存在较大差异。通过改变压接型 IGBT 器件集射极铜层的散热条件可以模拟 IGBT 器件工作在不同的结温环境，分析其疲劳失效寿命，进而评估银烧结封装对 IGBT 器件疲劳失效寿命的影响，功率循环仿真模拟示意图如图 9.19 所示。

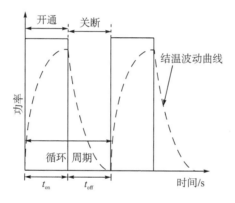

图 9.19　功率循环仿真模拟示意图

　　当 IGBT 器件工作时产生损耗，芯片结温上升，器件关断后，芯片结温下降，通过控制器件的开通、关断时间和集射极铜层散热条件可以改变 IGBT 芯片的结温波动值和结温最大值，重复进行此过程来模拟芯片的疲劳失效过程，获取器件的疲劳失效寿命，为压接型 IGBT 器件的功率循环老化实验提供支撑。

　　功率循环仿真边界条件设置如下：器件发射极铜层设为固定支撑且电势设为接地，集电极铜层施加均匀压力 1200N，恒定导通电流为 50A 并通入集电极铜层；集电极和发射极铜层表面设置强制对流散热，环境温度设为 23℃，电流由集电极铜层通入。仿真共设置 7 种边界散热条件，进行功率循环仿真模拟不同的结温条件，如表 9.4 所示。

　　仿真中单个循环周期时间设为 120s，开通 60s、关断 60s，通过改变压接型 IGBT 器件集电极和发射极铜层表面的传热系数，模拟不同工况下 IGBT 器件的结温和

表 9.4 功率循环仿真散热条件

工况	循环周期/s	占空比 D	传热系数/(W/(m²·K))	环境温度/℃
1	120	0.5	10000	23
2	120	0.5	8000	23
3	120	0.5	5000	23
4	120	0.5	3000	23
5	120	0.5	2000	23
6	120	0.5	1500	23
7	120	0.5	1000	23

结温波动值，从而分析结温最大值和结温波动值对压接型 IGBT 器件疲劳失效寿命的影响。不同散热条件下银烧结压接型和全直接压接型 IGBT 器件的芯片结温随时间变化曲线如图 9.20 所示，散热条件对 IGBT 器件的结温影响曲线如图 9.21 所示。

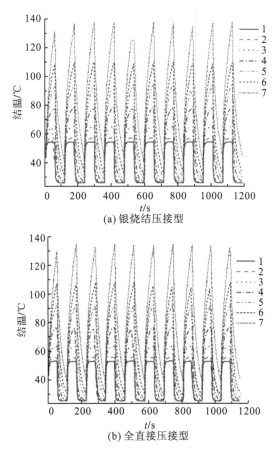

(a) 银烧结压接型

(b) 全直接压接型

图 9.20 压接型 IGBT 器件功率循环仿真结温波动结果

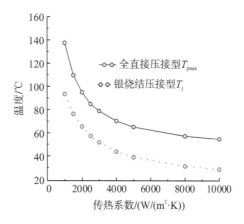

图 9.21　不同散热条件下 IGBT 器件的结温影响曲线

从图 9.20 中可以看出，当仿真时间达到 600s 后，两种封装 IGBT 器件的结温均已经达到稳态，芯片的结温最大值和结温波动值已经趋于稳定。图中结果表明，当器件集电极和发射极传热系数较大时，在一个循环周期内，IGBT 器件会达到电热平衡状态，结温会达到稳态值；当器件集电极和发射极传热系数较小时，IGBT 器件在一个循环周期内无法达到电热平衡状态，且传热系数越小，IGBT 器件在一个循环周期内的结温波动值越大，结温最大值越高。

分析图 9.21 可以得出如下结论：相同工作条件和散热条件下，银烧结压接型 IGBT 器件的结温最大值和结温波动值均小于全直接压接型 IGBT 器件，且随着 IGBT 器件集电极和发射极铜层传热系数的增加，银烧结与全直接压接型 IGBT 器件的结温最大值和结温波动值差异均逐渐减小。当传热系数小于 4000 以后，两种封装 IGBT 器件的结温最大值和结温波动值差异均会急剧增加，散热条件很大程度上决定了 IGBT 器件的结温和结温波动，传热系数越低，烧结封装 IGBT 器件散热性能好的优势越明显。

9.2.2　疲劳失效分析

金属材料在循环交变的热应力和机械应力作用下会发生塑性变形，将导致材料出现不可逆转的永久性变形甚至产生裂纹，引起金属材料疲劳失效，这种失效模式称为应力应变疲劳或者低周疲劳[50]。焊接型 IGBT 功率模块中通常基于经典的 Coffin-Manson 寿命模型计算金属材料的应力应变疲劳寿命[51,52]：

$$\frac{\Delta \varepsilon_\mathrm{p}}{2} = \varepsilon_\mathrm{f}'(2N_\mathrm{f})^c \tag{9.4}$$

其中，N_f 为功率循环的周期数；$\Delta \varepsilon_\mathrm{p}$ 为塑性应变范围；ε_f' 为疲劳系数；c 为疲劳指数。

Manson[53]考虑材料的疲劳应变强度，将 Coffin-Manson 公式修正为

$$\frac{\Delta\varepsilon}{2}=\frac{\sigma'_f}{E}(2N_f)^b+\varepsilon'_f(2N_f)^c \tag{9.5}$$

其中，$\Delta\varepsilon$ 为应变范围；σ'_f 为疲劳强度系数；E 为弹性模量；b 为疲劳强度指数；其余参数含义同上。

式(9.4)和式(9.5)都是基于对称循环载荷进行拟合得出的，但是器件实际工作时产生的交变循环热应力载荷是非对称的应变循环载荷。Morrow 进一步对该公式进行了弹性应力修正，考虑了材料承受最高应力 σ_m 的影响[54]，如下：

$$\frac{\Delta\varepsilon}{2}=\frac{\sigma'_f-\sigma_m}{E}(2N_f)^b+\varepsilon'_f(2N_f)^c \tag{9.6}$$

其中，σ_m 为材料表面承受应力的最大值。

因 IGBT 器件工作时受到循环交变的波动应力载荷影响，还需要考虑应力波动对材料疲劳寿命的影响，因此基于文献[55]将式(9.6)修正为

$$\frac{\Delta\varepsilon}{2}=\frac{\sigma'_f-\left(\dfrac{\sigma_m}{2}+\Delta\sigma\right)}{E}(2N_f)^b+\varepsilon'_f(2N_f)^c \tag{9.7}$$

式(9.7)中除了 $\Delta\sigma$ 为应力波动值，其余各参数意义与式(9.6)相同。下面将利用式(9.7)作为压接型 IGBT 芯片发射极表面的疲劳寿命预测模型。

Manson 等[56]基于疲劳实验结果总结了常用金属材料的疲劳系数，提出了“通用斜率法”来预测应变疲劳寿命，并得出了各疲劳系数的参数。疲劳强度指数 $b=-0.12$，疲劳强度系数 $\sigma'_f=3.5\sigma_f$，疲劳指数 $c=-0.6$，疲劳系数 $\varepsilon'_f=\varepsilon_f^{0.6}$。将上述疲劳常数代入式(9.7)，得

$$\frac{\Delta\varepsilon}{2}=\frac{3.5\sigma_f-\left(\dfrac{\sigma_m}{2}+\Delta\sigma\right)}{E}(2N_f)^{-0.12}+\varepsilon_f^{0.6}(2N_f)^{-0.6} \tag{9.8}$$

其中，σ_f、ε_f 为断裂强度系数和断裂系数，其值可用式(9.9)估算[57]，即

$$\begin{cases}\sigma_f=\sigma_b(1+\psi)\\ \varepsilon_f=-\ln(1-\psi)\end{cases} \tag{9.9}$$

其中，σ_b、ψ 分别为拉伸实验测定的抗拉强度和断面收缩率。表 9.5 是文献[58]根据数据手册[59]结合式(9.9)计算得出的材料疲劳寿命预测参数。

表 9.5　各层材料疲劳寿命预测参数

材料	抗拉强度 σ_b/MPa	断面收缩率 ψ	断裂强度系数 σ_f/MPa	断裂系数 ε_f	疲劳强度系数 σ'_f/MPa	疲劳系数 ε'_f
Cu	209	50%	313.5	0.693	1097.25	0.802
Al	50	90%	95	2.303	332.5	1.649
Ag	125	60%	200	0.916	700	0.949

上述研究结果表明，IGBT 芯片与发射极钼层相接触的表面承受的电热应力最集中，可以认定该区域为压接型 IGBT 器件的薄弱层，因此下面重点分析压接型 IGBT 芯片发射极表面的疲劳寿命，从而评估银烧结封装对压接型 IGBT 器件疲劳失效寿命的影响。

由于银烧结压接型 IGBT 器件存在纳米银焊料层，IGBT 器件工作时产生的循环交变热应力会使得焊料层出现蠕变疲劳和黏塑性变形。在传统键合引线 IGBT 模块中，研究表明焊料层在 IGBT 器件工作时极易疲劳老化，最终引起整个 IGBT 器件失效。为了评估纳米银烧结封装对压接型 IGBT 器件疲劳失效的影响，基于修正 Coffin-Manson 寿命模型[60]来计算纳米银焊料层的蠕变疲劳寿命，该模型提出了焊料蠕变疲劳寿命与循环塑性应变能之间的指数关系，可以根据焊料的蠕变应变能来估计焊料层的疲劳寿命。基于 Miner 线性累积疲劳准则[61]，给定一个循环周期的累积能量值，可以从中获得纳米银焊料层疲劳失效的循环次数，即

$$N_\mathrm{f}=W_\mathrm{f}(\Delta W_\mathrm{c})^m \tag{9.10}$$

其中，N_f 为纳米银焊料层从初始状态到最终失效的循环次数；ΔW_c 为每次功率循环仿真中纳米银焊料层累积的蠕变能量，$\mathrm{W/m^3}$；W_f 为疲劳能量系数；m 为疲劳能量指数。本节不考虑纳米银焊料的材料组成和烧结工艺，故基于文献[62]提供的数据评估焊料层的蠕变寿命，其中 $W_\mathrm{f}=0.16$，$m=-2.69$。

前文对银烧结压接型 IGBT 器件进行有限元建模时，考虑了纳米银焊料层的特点，采用 Anand 模型来表征纳米银焊料层的电热性能和疲劳失效过程。上述模型中的 ΔW_c 可以通过功率循环仿真获得，进而求取纳米银焊料层的蠕变疲劳循环次数，评估纳米银焊料层的可靠性。

前述分析结果表明，压接型 IGBT 器件的集射极铜层导热系数直接影响芯片的结温最大值和结温波动值，不同导热系数对应结温最大值下银烧结压接型 IGBT 芯片发射极表面承受的 von Mises 应力最大值和应力波动值如图 9.22 所示，将应力结果代入式(4.4)求取 IGBT 芯片发射极表面的应变疲劳失效寿命，该过程由 COMSOL 软件实现，所得寿命数值均是以 10 为底的对数值，不同结温条件下银烧结压接型 IGBT 芯片发射极表面的应变疲劳失效寿命分布结果如图 9.23 所示。

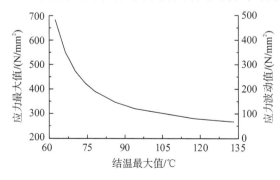

图 9.22　不同结温条件下银烧结压接型 IGBT 器件的应力曲线

(a) T_{jmax}=146.75℃，ΔT=105.9℃　　　　(b)T_{jmax}=83.498℃，ΔT=57.035℃

(c) T_{jmax}=68.453℃，ΔT=42.38℃　　　　(d) T_{jmax}=56.88℃，ΔT=30.88℃

图 9.23　不同结温条件下银烧结压接型 IGBT 芯片表面的应变疲劳失效寿命分布

由图 9.22 可得，随着银烧结压接型 IGBT 芯片的结温最大值逐渐减小，银烧结压接型 IGBT 芯片发射极表面承受的 von Mises 应力最大值和应力波动值也逐渐减小，且结温最大值高于 120℃时，应力值会急剧减小。

图 9.23 结果表明，银烧结压接型 IGBT 芯片表面与发射极钼层相接触的边缘区域寿命最低，IGBT 器件的结温最大值和结温波动值越小，IGBT 芯片发射极表面的疲劳失效寿命数值越高；IGBT 的结温值和结温波动值越大，芯片发射极表面的应变疲劳寿命越低。当结温最大值高于 65℃、结温波动值大于 40℃以后，芯片表面的疲劳失效寿命呈指数关系下降，且结温大约每增加 10℃，芯片的应变疲劳失效寿命降低 50%。

不同结温最大值下银烧结压接型 IGBT 器件焊料层的蠕变能量最大值和波动值如图 9.24 所示。由图可得，随着银烧结压接型 IGBT 芯片的结温最大值逐渐减小，银烧结压接型 IGBT 器件焊料层的蠕变能量值也逐渐减小，散热条件决定器件工作时的结温，进而影响纳米银焊料层的蠕变能量值。

将上述结果代入式(9.7)求取不同结温条件下银烧结压接型 IGBT 器件焊料层的蠕变疲劳失效寿命，结果如图 9.25 所示，寿命数值也均为以 10 为底的对数值。

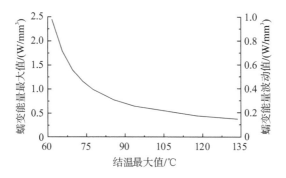

图 9.24　不同结温条件下银烧结压接型 IGBT 器件焊料层的蠕变能量最大值和波动值

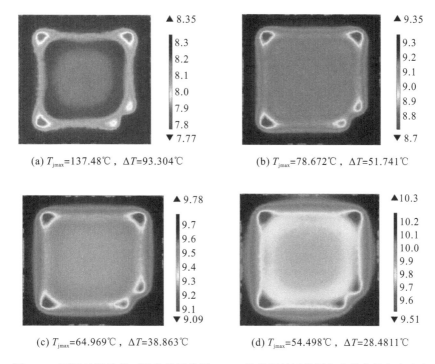

(a) $T_{\mathrm{jmax}}=137.48℃$，$\Delta T=93.304℃$　　　(b) $T_{\mathrm{jmax}}=78.672℃$，$\Delta T=51.741℃$

(c) $T_{\mathrm{jmax}}=64.969℃$，$\Delta T=38.863℃$　　　(d) $T_{\mathrm{jmax}}=54.498℃$，$\Delta T=28.4811℃$

图 9.25　不同结温条件下银烧结压接型 IGBT 器件焊料层的蠕变疲劳失效寿命分布

　　银烧结压接型 IGBT 器件焊料层 4 个边角区域的寿命最低，该区域正好是 IGBT 芯片与发射极钼层相接触 4 个边角区域的对应位置。结温最大值和结温波动值越小，银烧结压接型 IGBT 器件的蠕变疲劳失效寿命数值越长；结温值和结温波动值越大，焊料层的蠕变疲劳寿命越低。器件的结温值和结温波动值越大，焊料层 4 个边角区域的蠕变疲劳失效寿命相比其他区域更短。

　　焊料层的蠕变疲劳寿命结果还显示：银烧结压接型 IGBT 器件的结温最大值和结温波动值越高，焊料层的蠕变疲劳寿命越低，当结温最大值高于 65℃、结温波动值大于 40℃时，焊料的疲劳寿命便呈指数关系下降，且结温每升高 10℃，蠕变疲劳失效寿命便降低 50%。

在不同散热条件下，银烧结压接型 IGBT 芯片寿命与纳米银焊料层寿命结果如图 9.26 所示。

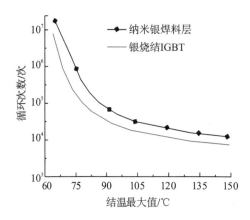

图 9.26　不同散热条件下银烧结压接型 IGBT 芯片与纳米银焊料层疲劳寿命曲线

上述结果表明：银烧结压接型 IGBT 器件纳米银焊料层的蠕变疲劳失效寿命大于银烧结压接型 IGBT 芯片的应力应变疲劳失效寿命。因此，纳米银烧结封装可以提高 IGBT 器件散热性能，降低其通态损耗和结温；同时，也增加了 IGBT 芯片发射极表面的应力应变疲劳失效寿命，且烧结封装并未改变压接型 IGBT 器件的薄弱层。

9.2.3　疲劳失效测试

参考传统焊接型 IGBT 器件的功率循环老化测试方法，利用直流功率循环进行压接型 IGBT 器件的老化测试，为了加速 IGBT 器件的疲劳失效过程，将 1.4 倍额定电流应力（即 I_c=70A）施加到 IGBT 器件上，采用恒定的大结温波动实验策略进行功率循环加速老化实验。

如图 9.27(a) 所示，外部驱动控制电路给压接型 IGBT 器件提供+15V 电压时，IGBT 导通，直流电源提供 70A 电流，IGBT 器件结温上升；当结温达到设定值时，驱动电路给 IGBT 栅极提供-5V 电压，IGBT 关断，直流电源工作在电压源模式，电感经二极管进行续流，结温下降。功率循环测试过程基于 LabVIEW 上位机程序进行自动控制，热电偶和数据采集传输电路实时记录 IGBT 器件的结温和导通压降 V_{ce}，当 V_{ce} 在设定的 0.5～8V 范围时，上位机通过监测结温变化自动控制功率循环实验进行，当 V_{ce} 超出设定范围时，功率循环测试停止。上位机控制压接型 IGBT 器件功率循环实验进程的流程如图 9.28 所示。

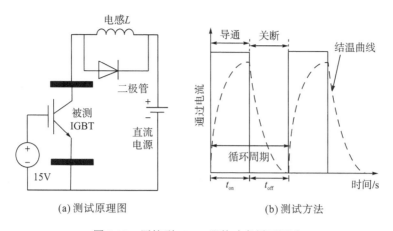

(a) 测试原理图　　　　　　　　　　(b) 测试方法

图 9.27　压接型 IGBT 器件功率循环测试

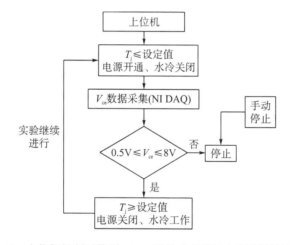

图 9.28　上位机控制压接型 IGBT 器件功率循环实验进程的流程图

　　为确保测试结果的可重复性和正确性，同时考虑测试所需时间和经济成本，采用 3 块国产 3.3kV/50A 单芯片压接型 IGBT 器件进行实验，结温最大值设为 140℃，结温波动值设为 110℃。测试过程中，夹具压力设定为 1200N，水冷箱温度设为 15℃，水流速度设为 5m/s。

　　银烧结压接型 IGBT 器件功率循环实验中导通压降 V_{ce} 数据结果如图 9.29 所示。由图可以看出，3.3kV/50A 单芯片银烧结压接型 IGBT 器件的初始导通压降均在 3.7V 左右，随着功率循环次数的增加，IGBT 器件的导通压降 V_{ce} 无明显的上升趋势，在 3.5～4V 小幅波动。5500 次循环后，3 号芯片的 V_{ce} 上升到 10V，1 号芯片经过约 7250 次循环后 V_{ce} 增加到 12V，2 号芯片在失效瞬间 V_{ce} 剧增到 11.7V。

图 9.30 结果显示，功率循环测试前后，烧结封装 IGBT 芯片发射极表面的光滑度和平整度发生了明显的变化，测试后，芯片表面变得粗糙。同时，所有失效 IGBT 芯片的边缘区域均可以明显地看到一小块颜色较暗的金属物。1 号芯片表面有一个明显的黑色斑点，这是被电击穿引起的，表明该芯片已经被击穿，发生短路失效，也是 3 个样本中唯一被电击穿的芯片。3 号芯片表面可以看到明显的裂纹，局部边缘区域已经破碎，这与 3 号芯片功率循环次数最短的实验结果相吻合。引起芯片破裂的原因可能是初始安装时操作不当，使得芯片表面压力分布不均匀，且循环交变的电热应力加剧了这种不均衡的应力分布。

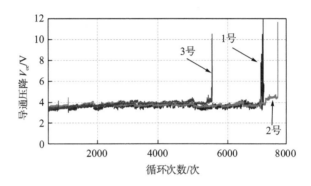

图 9.29　银烧结压接型 IGBT 器件功率循环实验中导通压降变化

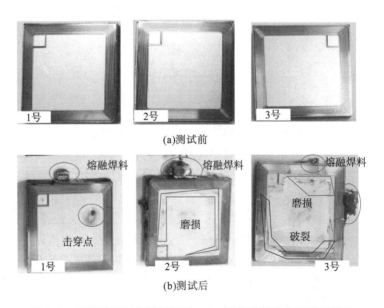

图 9.30　测试前后银烧结压接型 IGBT 芯片发射极表面形貌结构

9.3　全直接压接型与银烧结压接型 IGBT 器件封装可靠性对比

9.3.1　稳态电热性能对比

　　为分析银烧结压接型与全直接压接型 IGBT 模块内部的电热应力，以某款 3.3kV/ 1500A 多芯片压接型 IGBT 为例进行介绍，其布局如图 9.31 所示，由 30 个 IGBT 和 14 个二极管构成，其封装结构与单芯片压接型 IGBT 器件相同。3.3kV/1500A 多芯片压接型 IGBT 模块的多耦合场建模过程与单芯片时相同，仿真时设置边界条件如下：发射极铜层为固定支撑，二极管设为电绝缘、保留热接触，器件集电极与发射极铜层表面设为强制对流散热，传热系数均为 $10000W/(m^2 \cdot K)$，环境温度为 23℃，IGBT 集电极铜层施加均匀压力为 53kN，集电极通入恒定电流为 1500A。银烧结多芯片压接型 IGBT 模块发射极表面的温度、应力分布结果如图 9.32 所示。

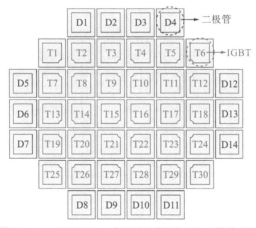

图 9.31　3.3kV/1500A 多芯片压接型 IGBT 模块布局

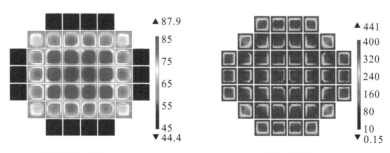

(a) 温度分布(单位：℃)　　　　　　　(b) 应力分布/(单位：N/mm²)

图 9.32　银烧结多芯片压接型 IGBT 模块发射极表面温度和应力分布

图 9.32 表明，多芯片压接型 IGBT 模块中，银烧结封装 IGBT 的最高结温为 87.9℃，文献[14]中在该布局下全直接压接型 IGBT 模块的最高结温为 107℃，银烧结封装显著降低了 IGBT 模块的结温，其散热性能约提升 17.9%；同时，与文献[14]中的应力分布结果进行对比发现，与银烧结多芯片压接型 IGBT 模块芯片表面承受的最大应力相比，全直接压接型 IGBT 模块表面承受的最大应力增大 23.6%，二者应力分布规律无明显变化。

综上，在相同工况下，纳米银烧结封装可以显著降低多芯片压接型 IGBT 模块的导通压降和通态损耗，极大提升了 IGBT 模块的散热能力；同时，纳米银烧结封装也增大了芯片发射极表面的 von Mises 应力。

多芯片压接型 IGBT 模块在工作时存在压力分布不均的问题，且随着器件的老化，压力分布不均会逐渐加剧[63]。为了对比分析变应力作用下银烧结压接型和全直接压接型 IGBT 器件内部的电热性能差异，下面以单个 IGBT 器件为例，通过改变施加在 IGBT 器件集电极表面的压力来分析在不同外部压力条件下银烧结与全直接压接两种封装 IGBT 芯片发射极表面的电热应力。边界条件设置如下：发射极铜层设为固定支撑，器件集电极与发射极铜层表面设置为强制对流散热，传热系数为 5000W/(m²·K)，环境温度为 23℃，IGBT 器件集电极通过恒定电流 50A，集电极铜层施加压力从 1000～1500N 均匀变化以分析压力变化对器件电热性能的影响。仿真提取压力变化对 IGBT 芯片发射极表面电热应力参数的影响结果如图 9.33～图 9.35 所示，对应参数均为组件发射极表面的最大值。

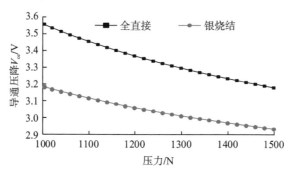

图 9.33　压力对 IGBT 器件导通压降的影响

分析图 9.33 可以发现，两种封装 IGBT 器件的导通压降均随着外部压力的增大而逐渐减小，且任何压力下银烧结封装 IGBT 的导通压降均低于全直接压接型 IGBT；适当地增加外部压力可以有效减小器件的导通压降从而降低器件的通态损耗。

图 9.34 和图 9.35 中提取结果均为芯片发射极表面对应电热参数的最大值，结果表明银烧结压接型与全直接压接型 IGBT 芯片发射极表面的 von Mises 应力均随着外部压力的增加而增大；同时，随着外部压力的增大，银烧结压接型与全直接压接型 IGBT 芯片发射极表面的弹性应变能密度值也增大。在任何压力条件下，

银烧结压接型 IGBT 器件承受的应力水平和出现的弹性应变均高于全直接压接型 IGBT 器件。同时，芯片的结温会随着夹具压力的增大而减小，增大压力有利于提升器件的散热能力，降低芯片的结温。图 9.34 还表明，3.3kV/50A 单芯片银烧结压接型与全直接压接型 IGBT 器件施加压力的最优范围均为 1200～1300N，与文献[49]中提供施压参考数据相吻合；在此压力范围内器件的导通压降与结温较低，器件承受的 von Mises 应力与出现的弹性应变也较小。

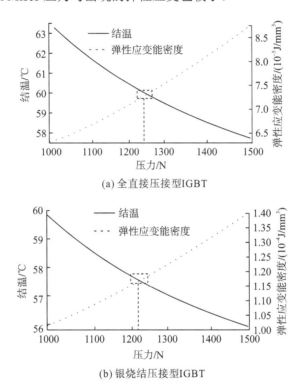

(a) 全直接压接型IGBT

(b) 银烧结压接型IGBT

图 9.34　压力对不同压接型 IGBT 器件发射极表面结温和弹性应变能密度的影响

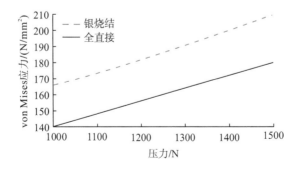

图 9.35　压力对压接型 IGBT 器件发射极表面 von Mises 应力的影响

多芯片压接型 IGBT 模块工作时通过每个 IGBT 的电流不一致[29]，且在电力系统发生故障的情况下通过多芯片中 IGBT 器件的电流不均衡程度可能会急剧增大。下面以单个 IGBT 器件为例，通过改变通过器件的电流对比分析银烧结压接型与全直接压接型两种封装 IGBT 芯片发射极表面电热应力的变化。边界条件设置如下：发射极铜层为固定支撑，器件集电极与发射极铜层表面设为强制对流散热，传热系数为 5000W/(m²·K)，环境温度为 23℃，IGBT 集电极铜层施加均匀压力为 1200N，设置器件集电极通过电流为 5～100A 均匀变化以分析导通电流变化对器件电热性能的影响。仿真分析结果如图 9.36～图 9.38 所示。

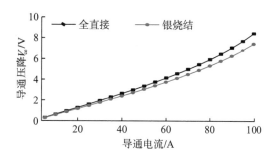

图 9.36　导通电流对压接型 IGBT 器件导通压降的影响

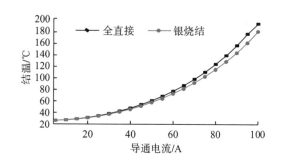

图 9.37　导通电流对压接型 IGBT 器件最大结温的影响

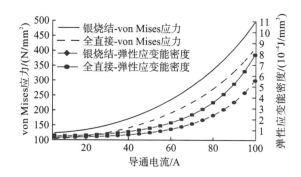

图 9.38　导通电流对压接型 IGBT 器件发射极表面电热参数的影响

图 9.36 表明，银烧结压接型与全直接压接型 IGBT 的导通压降均随导通电流的增加而增大，全直接压接型 IGBT 器件的导通压降随导通电流增大的上升速率更快。从图 9.37 中可以看出，导通电流越大银烧结压接型 IGBT 器件的散热性能优势越明显，导通电流大于 50A 后两种封装 IGBT 器件的结温差异越来越大，当导通电流为 100A 时，银烧结压接型 IGBT 的结温将比全直接压接型 IGBT 的结温低 20℃左右。

图 9.38 表明，导通电流越大器件功耗越高，产生的热量越多，导致银烧结压接型 IGBT 芯片发射极表面承受的热应力也越高，出现的弹性应变也越大。当器件通过电流大于 60A 时，银烧结压接型 IGBT 芯片发射极表面承受的应力和出现的弹性应变与全直接压接型 IGBT 器件间的差异逐渐增大。

9.3.2　瞬态电热性能对比

大功率压接型 IGBT 器件应用于电子式混合直流断路器时，在输电系统故障情况下回路电流会急剧增加，IGBT 器件会遭受瞬时大电流冲击，由于芯片表面电流分布不均，会引起芯片局部区域通过瞬时大电流，温度急剧升高，改变材料特性，数次大电流冲击将导致 IGBT 器件失效[64]。为了评估银烧结压接型和全直接压接型 IGBT 器件在极限恶劣工况下的电热性能差异，基于有限元模型仿真分析大电流冲击工况下银烧结压接型和全直接压接型 IGBT 压接器件的电热应力，获取极端工况下银烧结对压接型 IGBT 器件电热性能的影响。

在短时大电流冲击作用下，全直接压接型和银烧结压接型 IGBT 器件的瞬时大电流冲击模拟如图 9.39 所示，以断路器冲击电流截断峰值达 15kA 为例，当检测到回路电流为 1.1kA 时转移支路 IGBT 模块导通，线路电流开始急剧上升，3ms 后，线路电流达到 15kA 的峰值，转移支路 IGBT 器件关断。考虑直流断路器中 IGBT 模块以 H 桥级联，上下桥臂均分电流，以 3.3kV/1500A 模块进行

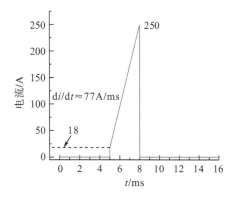

图 9.39　瞬时大电流冲击模拟示意

计算，内含 30 个 IGBT 器件和 14 个二极管。线路开始故障时流过单个 IGBT 器件的电流约为 18A（1100/2/30=18A），电流峰值达到 15kA 时流过每个 IGBT 器件的电流为 250A（15000/2/30= 250A）。

仿真时边界条件设置如下：压接型 IGBT 器件发射极铜层设为固定支撑，集电极铜层施加均匀压力为 1200N，集电极和发射极铜层表面传热系数均设为 5000W/(m²·K)，环境温度设置为 23℃，电流从 IGBT 器件的集电极通入。基于上述仿真模拟条件，分别对银烧结压接型和全直接压接型 IGBT 器件进行大电流冲击仿真模拟，提取器件的电热应力，仿真提取器件内部的电热应力结果如图 9.40 和图 9.41 所示。

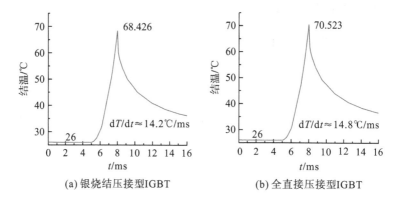

(a) 银烧结压接型IGBT　　　　　　　　(b) 全直接压接型IGBT

图 9.40　大电流冲击作用下压接型 IGBT 器件的结温变化

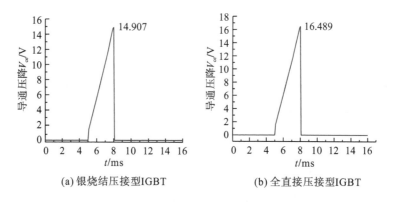

(a) 银烧结压接型IGBT　　　　　　　　(b) 全直接压接型IGBT

图 9.41　大电流冲击作用下压接型 IGBT 器件的导通压降

从图 9.40 中可以看出，在 5ms 之前，IGBT 器件的结温与环境温度相等，在 5ms 时线路电流开始以 77A/ms 的速率急剧增加，IGBT 器件对应的结温也急剧增大。在过电流应力作用下，银烧结压接型和全直接压接型两种封装 IGBT 器件的结温均在短时间内急剧上升，在 8ms 器件关断时，两种封装 IGBT 器件的结温均达到了 70℃左右。可见，在短时过电流应力作用下，IGBT 器件的结温会有一个瞬变突增的过程。

图 9.41 结果表明, 在 5ms 之前, IGBT 器件的导通压降为 0, 在 5ms 时 IGBT 器件开始工作, 因电流上升速率较快, IGBT 器件的导通压降上升速率也较快, 在 8ms 器件关断时, 全直接压接型 IGBT 器件的导通压降达到了 16.5V, 银烧结压接型 IGBT 器件的导通压降达到了 15V。

银烧结压接型和全直接压接型两种封装形式 IGBT 器件在关断时刻(8ms)的温度分布和应力分布结果如图 9.42 和图 9.43 所示。

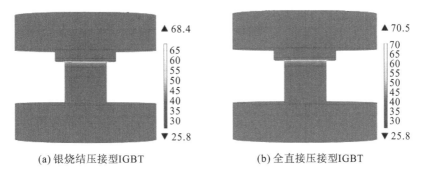

(a) 银烧结压接型IGBT　　　　　　　　　　(b) 全直接压接型IGBT

图 9.42　大电流冲击作用下关断瞬间压接型 IGBT 器件的整体温度(单位: ℃)

图 9.42 表明, 在 8ms 关断瞬时, 全直接压接型 IGBT 器件的结温达到了 70.5℃, 银烧结压接型 IGBT 器件的结温达到了 68.4℃, 结温差异较小, 全直接压接型 IGBT 器件的结温高于银烧结压接型 IGBT 器件, 两种封装形式的 IGBT 芯片与发射极钼层相接触区域的温度明显高于其他区域, 由于过电流作用时间较短, IGBT 芯片工作时产生较大的瞬时功耗, 产生的热量来不及通过热路传递出去, 引起 IGBT 芯片与发射极钼层相接触区域的温度迅速上升。

图 9.43 表明, 在 IGBT 器件关断瞬时, 银烧结压接型与全直接压接型 IGBT 器件的应力最大值均位于芯片与发射极钼层相接触的区域, 且银烧结压接型 IGBT 器件的 von Mises 应力高于全直接压接型 IGBT 器件的 von Mises 应力。

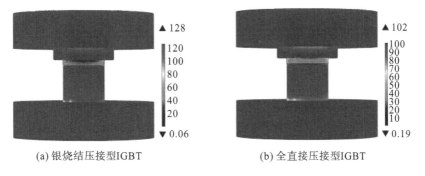

(a) 银烧结压接型IGBT　　　　　　　　　　(b) 全直接压接型IGBT

图 9.43　大电流冲击作用下关断瞬间压接型 IGBT 器件的整体 von Mises 应力(单位: N/mm^2)

综上可得，在瞬时过电流应力作用下，两种封装形式压接型 IGBT 器件的电热性能变化趋势一致。由于过电流应力作用时间较短，IGBT 器件工作时产生较大的瞬时功耗，瞬时功耗将产生大量的热，IGBT 器件产生的热量来不及通过集电极和发射极的热路将热量传递出去，引起热量积聚在芯片与发射极钼层相接触的区域，导致该区域的温度明显高于其他区域；同时，在短时过电流应力作用下两种封装形式 IGBT 器件的结温差异较小，银烧结压接型 IGBT 器件散热性能高的优势并未体现出来。而较长时间的电热应力作用于 IGBT 器件时，器件最终会达到电热平衡状态，银烧结压接型 IGBT 散热性能好及通态损耗低的优势将比较明显。

9.3.3 疲劳失效寿命对比

为了对比银烧结压接型与全直接压接型 IGBT 器件的疲劳失效寿命差异，首先求取全直接压接型 IGBT 芯片表面的应变疲劳寿命，求取过程同银烧结压接型 IGBT 器件，不同结温条件下全直接压接型 IGBT 芯片发射极表面的应变疲劳失效寿命分布结果如图 9.44 所示，所得寿命数值均是以 10 为底的对数值。

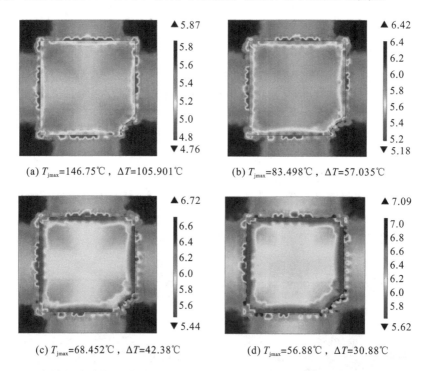

(a) $T_{jmax}=146.75℃$，$\Delta T=105.901℃$

(b) $T_{jmax}=83.498℃$，$\Delta T=57.035℃$

(c) $T_{jmax}=68.452℃$，$\Delta T=42.38℃$

(d) $T_{jmax}=56.88℃$，$\Delta T=30.88℃$

图 9.44 全直接压接型 IGBT 芯片发射极表面的应变疲劳失效寿命分布

图 9.44 中寿命结果表明，全直接压接型 IGBT 芯片与发射极钼层相接触表面的边缘区域寿命最低，IGBT 器件的结温最大值和结温波动值越小，IGBT 芯片发

射极表面的疲劳失效寿命数值越高；IGBT 的结温最大值和结温波动值越大，芯片发射极表面的应变疲劳寿命越低。当器件结温最大值和结温波动较小时，IGBT 芯片的疲劳失效寿命最小区域集中在芯片与发射极钼层相接触的边缘部分；当器件结温最大值和结温波动较大时，IGBT 芯片表面边缘局部区域的疲劳寿命远低于其他区域，这是因为结温越高，芯片与发射极钼层接触的边缘区域承受的电-热-机械应力也越高于芯片其他区域。

为了对比评估银烧结压接型和全直接压接型 IGBT 芯片表面的应力应变疲劳寿命差异，获取烧结封装对压接型 IGBT 芯片疲劳失效寿命的影响，将功率循环仿真中传热系数为 $1000\mathrm{W/(m^2 \cdot K)}$ 时银烧结压接型和全直接压接型 IGBT 芯片表面的应力应变疲劳寿命、纳米银焊料层的蠕变疲劳寿命分布结果提取出来进行对比（该条件下银烧结封装 IGBT 器件的 $T_{\mathrm{jmax}}=137.48℃$、$\Delta T=93.304℃$，全直接压接型 IGBT 器件的 $T_{\mathrm{jmax}}=146.75℃$、$\Delta T=105.901℃$），芯片表面及纳米银焊料层的疲劳失效寿命分布结果如图 9.45 所示。

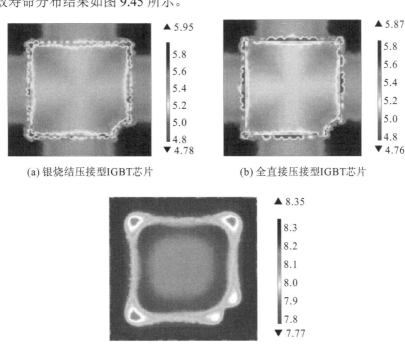

(a) 银烧结压接型IGBT芯片　　　　(b) 全直接压接型IGBT芯片

(c) 纳米银焊料层

图 9.45　芯片表面及纳米银焊料层的疲劳失效寿命分布

图 9.45 结果表明，银烧结压接型和全直接压接型 IGBT 芯片发射极表面的应变疲劳失效寿命最小值均位于 IGBT 芯片与发射极钼层相接触的边缘区域，焊料层的蠕变疲劳失效寿命最小值位于芯片与发射极钼层接触四个边角区域的对应位置。

　　不同散热条件对应不同结温最大值下银烧结压接型和全直接压接型 IGBT 芯片发射极表面的应变疲劳失效寿命及纳米银焊料层蠕变疲劳寿命结果如图 9.46 所示。

　　上述结果表明，在相同结温工作条件下银烧结压接型和全直接压接型 IGBT 器件的疲劳失效寿命关系为：银烧结压接型 IGBT 器件纳米银焊料层的蠕变疲劳失效寿命>银烧结压接型 IGBT 芯片的应力应变疲劳失效寿命＞全直接压接型 IGBT 芯片的应力应变疲劳失效寿命。因此，纳米银烧结封装可以提高 IGBT 器件散热性能，降低其通态损耗和结温；同时，也增加了 IGBT 芯片发射极表面的应力应变疲劳失效寿命，且烧结封装并未改变压接型 IGBT 器件的薄弱层。

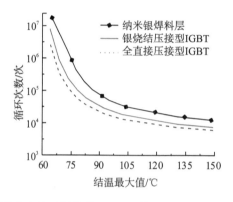

图 9.46　不同散热条件下压接型 IGBT 器件和纳米银焊料层疲劳寿命曲线

9.4　本　章　小　结

　　本章通过 COMSOL 软件建立了银烧结压接型 IGBT 器件的有限元模型，分析了器件内部的电热应力和疲劳失效寿命，进一步开展了银烧结压接型 IGBT 器件的功率循环老化测试实验，分析了失效结果；最后，对比了银烧结压接型和全直接压接型 IGBT 器件的电热性能差异和疲劳失效寿命差异，主要结论如下：

　　(1)银烧结压接型 IGBT 器件的芯片发射极表面电热应力最集中，焊料层的空洞会改变 IGBT 芯片表面的电流分布，空洞集中分布对烧结封装 IGBT 器件的导通压降和结温影响最大，当空洞率超过 30%以后，IGBT 器件的结温和导通压降将急剧上升，空洞边缘芯片表面电流密度更大，空洞密集区域芯片表面过流更明显。

　　(2)银烧结压接型 IGBT 器件的寿命最短区域位于芯片与发射极钼层接触表面的边缘，且结温最大值、结温波动值与 IGBT 芯片的疲劳失效寿命均呈反比关系；功率循环之后，IGBT 芯片发射极表面均出现了严重的磨损，且 IGBT 芯片与发射极钼层接触表面的边缘区域磨损程度最高。

（3）银烧结压接型和全直接压接型 IGBT 器件的薄弱区域均为 IGBT 芯片与发射极钼层相接触的表面，外部压力增加可以有效减小压接型 IGBT 器件的导通压降和结温，提升器件的散热能力；瞬时过电流应力下，IGBT 芯片与发射极钼层接触表面的温度会急剧上升。

（4）在相同结温下，银烧结压接型 IGBT 器件纳米银焊料层的蠕变疲劳失效寿命＞银烧结压接型 IGBT 芯片的应变疲劳失效寿命＞全直接压接型 IGBT 芯片的应变疲劳失效寿命，烧结封装可以有效降低压接型 IGBT 器件的导通压降，提升其散热能力，同时也可以有效增加压接型 IGBT 器件的疲劳失效寿命，提高 IGBT 器件的长期可靠性。

参 考 文 献

[1] 王庆, 卢宇, 胡兆庆, 等. 柔性直流输电系统孤岛运行方式下的故障电流抑制方法[J]. 电力系统自动化, 2018, 42(7): 1-6.

[2] 林畅, 翟雪冰, 高路, 等. 厦门柔性直流输电系统孤岛运行控制仿真研究[J]. 智能电网, 2016, (3): 235-242.

[3] 徐政. 柔性直流输电系统[M]. 北京: 机械工业出版社, 2012.

[4] 王一振, 赵彪, 袁志昌, 等. 柔性直流技术在能源互联网中的应用探讨[J]. 中国电机工程学报, 2015, (14): 3551-3560.

[5] Gemmell B, Dorn J, Retzmann D, et al. Prospects of multilevel VSC technologies for power transmission[C]. IEEE/PES Transmission and Distribution Conference and Exposition, Chicago, 2008: 1-4.

[6] 于坤山, 谢立军, 金锐. IGBT 技术进展及其在柔性直流输电中的应用[J]. 电力系统自动化, 2016, 40(6): 139-143.

[7] 韦延方, 卫志农, 孙国强, 等. 适用于电压源换流器型高压直流输电的模块化多电平换流器最新研究进展[J]. 高电压技术, 2012, 38(5): 1243-1252.

[8] Westerweller T, Friedrich K, Armonies U, et al. Trans bay cable—World's first HVDC system using multilevel voltage-sourced converter[C]. Proceedings of CIGRE, Paris, 2010: 1-7.

[9] 马为民, 吴方劼, 杨一鸣, 等. 柔性直流输电技术的现状及应用前景分析[J]. 高电压技术, 2014, 40(8): 2429-2439.

[10] 赵争鸣, 施博辰, 朱义诚. 对电力电子学的再认识——历史、现状及发展[J]. 电工技术学报, 2017, 32(12): 5-15.

[11] 刘浔, 戴迪, 饶洪林, 等. 直流系统换流阀常见故障及处理方法[J]. 电子世界, 2015, (21): 115-117.

[12] 陈俊, 万超群, 陈彦, 等. 大功率压接式 IGBT 及其在脉冲强磁场发生器中的应用[J]. 大功率变流技术, 2017, (3): 59-62.

[13] 南京工学院. 半导体器件可靠性与失效分析[M]. 南京: 江苏科学技术出版社, 1981.

[14] 高明超, 韩荣刚, 赵喆, 等. 压接式 IGBT 芯片的研制[J]. 固体电子学研究与进展, 2016, (1): 50-53.

[15] Cova P, Nicoletto G, Pirondi A, et al. Power cycling on press-pack IGBTs: Measurements and thermomechanical simulation[J]. Microelectronics Reliability, 1999, 39(6): 1165-1170.

[16] 窦泽春, 刘国友, 陈俊, 等. 大功率压接式 IGBT 器件设计与关键技术[J]. 大功率变流技术, 2016, (2): 21-25.

[17] Gunturi S, Schneider D. On the operation of a press pack IGBT module under short circuit conditions[J]. IEEE Transactions on Advanced Packaging, 2006, 29(3): 433-440.

[18] Tinschert L, Årdal A R, Poller T, et al. Possible failure modes in press-pack IGBTs[J]. Microelectronics Reliability, 2015, 39(6): 903-911.

[19] Poller T, Basler T, Hernes M, et al. Mechanical analysis of press-pack IGBTs[J]. Microelectronics Reliability, 2012, 52(9-10): 2397-2402.

[20] Bhagath S, Pecht M G. Modeling the effects of mixed flowing gas (MFG) corrosion and stress relaxation on contact interface resistance[J]. Journal of Electronic Packaging, 1993, 115 (4): 387-406.

[21] Poller T, D'Arco S, Hernes M, et al. Influence of the clamping pressure on the electrical, thermal and mechanical behaviour of press-pack IGBTs[J]. Microelectronics Reliability, 2013, 53 (9-11): 1755-1759.

[22] 何湘宁, 石巍, 李武华, 等. 基于大数据的大容量电力电子系统可靠性研究[J]. 中国电机工程学报, 2017, 37 (1): 209-221.

[23] Kaminski N. Load-cycling capability of HiPak[TM] IGBT modules[EB/OL]. https://wenku.baidu.com/view/13540a65 caaedd3383c4d3df.html[2013-8-22].

[24] Josef L, Heinrich S, Uwe S, et al. Semiconductor Power Devices[M]. New York: IEEE Press, 2011.

[25] Pietranico S, Pommier S, Lefebvre S, et al. Characterisation of power modules ceramic substrates for reliability aspects[J]. Microelectronics Reliability, 2009, 49 (9-11): 1260-1266.

[26] Deng E, Zhang J, Li Y, et al. Analysis of the reliability difference between IGBT modules and press-pack IGBTs[J]. Semiconductor Technology, 2016, 41 (11): 801-815.

[27] Babak A, Amir H R, Gevorg B G, et al. Reliability considerations for parallel performance of semiconductor switches in high-power switching power supplies[J]. IEEE Transactions on Industry Electronics, 2009, 56 (6): 2133-2139.

[28] 工业和信息化部电子第五研究所. 基于失效物理的元器件故障树构建方法和系统: 中国, CN201210533794. 9[P]. 2013-4-17.

[29] Bagdahn J, Sharpe W N Jr. Fatigue of polycrystalline silicon under long-term cyclic loading[J]. Sensors and Actuators A: Physical, 2002, 103 (1): 9-15.

[30] Frank B. Power cycle testing of press-pack IGBT chips[D]. Norway: Norwegian University of Science and Technology, 2014.

[31] 邓二平, 赵志斌, 张朋, 等. 压接型 IGBT 器件内部压力分布[J]. 电工技术学报, 2017, 32 (6): 201-208.

[32] Rajaguru P, Lu H, Bailey C, et al. Electro-thermo-mechanical modelling and analysis of the press pack diode in power electronics[C]. International Workshop on Thermal Investigations of ICS and Systems, Pairs, 2015: 1-6.

[33] Sim G D, Yun H, Kim H H, et al. Fatigue of polymer-supported Ag thin films[J]. Scripta Materialia, 2012, 66 (11): 915-918.

[34] Burger S A. High Cycle Fatigue of Al and Cu Thin Films by a Novel High-Throughput Method[M]. Karlsruher: KIT Scientific Publishing, 2013.

[35] Hui Y, Ran L, Wei R, et al. Modeling and analysis on overall fatigue failure evolution of press-pack IGBT device[J]. IEEE Transactions on Electron Devices, 2019, 66 (3): 1435-1443.

[36] 付善灿. 纳米银焊膏无压低温烧结连接方法的绝缘栅双极型晶体管 (IGBT) 模块封装应用研究[D]. 天津: 天津大学, 2017.

[37] 梅云辉, 冯晶晶, 王晓敏, 等. 采用纳米银焊膏烧结互连技术的中高压 IGBT 模块及其性能表征[J]. 高电压技术, 2017, 43 (10): 3307-3312.

[38] Feng J, Mei Y, Li X, et al. Characterizations of a proposed 3300-V press-pack IGBT module using nanosilver paste

for high-voltage applications[J]. IEEE Journal of Emerging and Selected Topics in Power Electronics, 2018, 6(4): 2245-2253.

[39] Chen H, Cao W, Bordignon P, et al. Design and testing of the World's first single-level press-pack IGBT based submodule for MMC VSC HVDC applications[C]. The 7th Annual IEEE Energy Conversion Congress and Exposition, 2015: 1-6.

[40] 龙海洋, 李辉, 王晓, 等. 纳米银烧结压接封装 IGBT 的长期可靠性研究[J]. 中国电机工程学报, 2020, 40(18): 5779-5786.

[41] Henaff F, Azzopardi S, Woirgard E, et al. Lifetime evaluation of nanoscale silver sintered power modules for automotive application based on experiments and finite-element modeling[J]. IEEE Transactions on Device and Materials Reliability, 2015, 15(3): 326-334.

[42] 唐新灵, 张朋, 陈中圆, 等. 高压大功率压接型 IGBT 器件封装技术研究综述[J]. 中国电机工程学报, 2019, (12): 3622-3637.

[43] Cristian B, Remus T, Frede B, et al. Dynamic thermal modelling and analysis of PP-IGBTs both at component-level and chip-level[C]. Conference of the Industrial Electronics Society, Vienna, 2013: 677-682.

[44] 潘艳, 李金元, 李尧圣, 等. 柔直换流阀用压接式 IGBT 器件物理场建模及内部压强分析[J]. 电力自动化设备, 2019, 39(1): 40-45.

[45] 江南. 计及疲劳累积效应的 IGBT 模块焊料层失效机理及疲劳损伤研究[D]. 重庆: 重庆大学, 2016.

[46] 赵晓晨. 低温烧结纳米银焊膏全寿命棘轮行为的本构描述[D]. 天津: 天津大学, 2018.

[47] Yu D J, Chen X, Chen G, et al. Applying Anand model to low-temperature sintered nanoscale silver paste chip attachment[J]. Materials and Design, 2009, 30(10): 4574-4579.

[48] 邓吉利. 柔性直流换流阀压接式 IGBT 器件可靠性建模与评估[D]. 重庆: 重庆大学, 2018.

[49] ABB. Recommendations regarding mechanical clamping of press pack high power semiconductors[Z]. 5SYA 2036-01.

[50] 陈传尧. 疲劳与断裂[M]. 武汉: 华中科技大学出版社, 2002.

[51] Coffin L F J. A study of the effects of cyclic thermal stresses on a ductile metal[J]. Ryūmachi, 1953, 22(6): 419-606.

[52] Manson S S. Behavior of materials under conditions of thermal stress[J]. Technical Report Archive and Image Library, 1953, 7(S3-4): 661-665.

[53] Manson S S. Fatigue: A complex subject—Some simple approximations[J]. Experimental Mechanics, 1965, 5(4): 193-226.

[54] Morrow J D. Cyclic plastic strain energy and fatigue of metals[C]. American Society for Testing and Materials, Philadelphia, 1964: 45-87.

[55] Dornic N, Khatir Z, Tran S H, et al. Stress-based model for lifetime estimation of bond wire contacts using power cycling tests and finite-element modeling[J]. IEEE Journal of Emerging and Selected Topics in Power Electronics, 2019, 7(3): 1659-1667.

[56] Hirschberg M H, Manson S S. Fatigue behavior in strain cycling in the low and intermediate-cycle range[C]. Proceedings of the 10th Sagamore Army Materials Research Conference, New York, 1963: 133-176.

[57] 《机械工程材料性能数据手册》编委会. 机械工程材料性能数据手册[M]. 北京: 机械工业出版社, 1995.

[58] 张经纬, 邓二平, 赵志斌, 等. 压接型 IGBT 器件单芯片子模组疲劳失效的仿真[J]. 电工技术学报, 2018, 33(18): 4277-4285.

[59] 郑修麟. 工程材料的力学行为[M]. 西安: 西北工业大学出版社, 2004.

[60] Knoerr M, Kraft S, Schletz A. Reliability assessment of sintered nano-silver die attachment for power semiconductors[C]. Electronics Packaging Technology Conference, Singapore, 2011: 56-61.

[61] Hashin Z. A reinterpretation of the Palmgren-Miner rule for fatigue life prediction[J]. Journal of Applied Mechanics, 1980, 47(2): 446-447.

[62] Llavori I, Zabala A, Urchegui M A, et al. A coupled crack initiation and propagation numerical procedure for combined fretting wear and fretting fatigue lifetime assessment[J]. Theoretical and Applied Fracture Mechanics, 2019, 101: 294-305.

[63] Lai W, Li H, Chen M Y, et al. Investigation on the effects of unbalanced clamping force on multichip press pack IGBT modules[J]. IEEE Journal of Emerging and Selected Topics in Power Electronics, 2019, 7(4): 2314-2322.

[64] 康升扬. 压接式 IGBT 的电热特性与短路失效分析[D]. 重庆: 重庆大学, 2018.